Alice's Tea Party Puzzles
by Ryosuke Handa

アリスの
お茶会パズル

伴田良輔

青土社

アリスのお茶会パズル　もくじ

ALICE'S
TEA PARTY
PUZZLES
RYOSUKE
HANDA

1 渦の中へ

土曜日にクリスマスツリーの飾《かざ》り物をしていて、台からとびおりた拍子に白猫のスノーの尻尾をうっかりふみつけてお母さんにたいそう叱られたことを、みどりは地下鉄の神保町駅の階段を出口に向かって駆けあがりながら、いまいましく思い出しました。

「だって、スノーをいちばんかわいがってるのは、私でしょ。もう、ほんとにゴメン！ってスノーにはしっかりあやまったし、スノーだって最初はギャーッてなったけど、すぐに私の腕の中でスヤスヤ眠りはじめてたじゃない。なのに、今日になってもまだ、スノーの尻尾が曲がってしまったかもしれないからお医者さんにみせなきゃ、ホントに困ったうっかり娘って、私をまるで犯人みたいに言いつづけてるわ」

階段を上りきったところでスカートのポケットの中で、お母さんからのメールを知らせる音楽がなりました。「さっき獣医さんにつれてったら、ぜんぜん大丈夫だった」と書かれています。そうでしょう、だって私の体重がぜんぶスノーにのっかったわけでもないし。これでスノーの尻尾を踏んづけたのは今年だけで5回目なので、たしかに気をつけなきゃと思うけど、そもそもスノーの尻尾は真っ白でふわふわとやたら大きくて〝踏んづけてください〟といわんばかりなんだから！　ああ、でもよかった！

ほっとして、みどりはさっきまでの不機嫌《ふきげん》も忘れて、いつのまにかスキップをしていました。神保町の交差点から九段下に向かう舗道《ほどう》沿いの古本屋さんは、クリスマスなんか関係ないぞといわんばかりに、いつもどおりの古本を並べています。楽譜《がくふ》だけを扱《あつか》う古賀書店の看板、古いお芝居の脚本ならなんでもあると演劇部の先生が教えてくれた矢口書店の前をスキップで通り過ぎました。今日のみどりの目的地は、もっと先のほうなのです。妹のあんずへのクリスマス・プレゼントは絵本にしようと思っていたので、みどりは一階に外国の絵本がたくさん置いてある神保町の北沢書店に向かっています。

北沢書店の入り口にくると、そこだけ外国に来たように色とりどりの絵本やおもちゃが中に並んでいて、大きなクリスマスツリーも見えました。妹のあんずはまだ3歳になったばかりなので、「お」を「あ」といったり、「う」と書いてある本のページを片手でポンポンたたいて、そのまま「うー」っとサイレンみたいに泣きだしたりします。数字は1、2、3までわかって、そのなかでも「3」が大好きです。「3はかたちがおっぱいみただいだからかな」と、お母さんはわらっていました。わたしにはきびしいけど、あんずにはホントにやさしいんだよね、お母さん。

あんずがよろこびそうな絵本を探さなくちゃ。

ふと棚に目をやると、そのあんずの好きな「3.」という大きな手描きの文字が表紙に描かれた絵本が目に入りました。薄いきれいなピンクの地に少しもりあがったかんじの黒色で3と書かれています。でもよく見ると3の右下に・《てん》があるのです。その本を手にとって開いてみることにしました。

表紙をめくると、「こんにちは。わたしはπ《パイ》です」と書いてあります。「π! 円周率の本だったのね。これはあんずにはむずかしすぎるわ」

みどりは本を棚にもどそうとしました。そのとき棚のそばのクリスマスツリーに下がっている、一羽のツバメの飾《かざ》り物に目がとまりました。ツバメは数字の1をくわえていました。

「まあかわいいツバメ。この飾りイイなあ」と、そっとさわろうとしたそのとき、ツバメが（「1」といっしょに）ツリーからはずれて、みどりが持っていた絵本の上

に落ちました。

「あっ」と叫んだひょうしに本ごと床《ゆか》に落してしまって、みどりはあわててひろいあげようとしました。絵本はまんなかあたりのページが開いていて、そこには数字の渦《うず》が動いているように見えました。いやホントに動いてる！

渦は中心にむかって小さくなりながら動いていて、さっきのツバメがその渦の中にまきこまれるようにして飛んでいきます。

「待って！」と、かがみこんでツバメに手をのばしたその瞬間、みどりはあっとい

1
5
6
9
8
7

うまに渦の中に吸い込まれていました。

どれくらい時間がたったのかわかりません。気がつくとみどりは数字の森の中に立っていました。

まわりは見わたすかぎりの数字が、あちらにもこちらにもぐにゃぐにゃと続いていて、森というよりは迷路のようでした。

泣き出したいような気持ちでみどりは歩きはじめました。

けれども歩いても歩いても、ただ数字の列が続くだけです。とうとうみどりはしゃがみこんで顔を両手でおおいました。どうしてこんなことになったのか、かなしくて心細くて、涙がとまりません。

「ねえ、どうして泣いてるの？」

という声がすぐそばからしました。キョロキョロしましたが、誰もいません。

「なんでお茶会に来ないの？」とその声はつづけました。

「え？」みどりはあたりを見回しました。

「オチャカイ、その先の0がみっつ続くところの真ん中の0をくぐったところの、セイヨウサンザキのある庭でやってるから、いそいでおいでよ」というと、その声は聞こえなくなりました。

みどりは、その声をどこかで聞いたことがあるようで、でも思い出すことができませんでした。オチャカイって何のことかな。でもとにかく、そこまでいってみよう。

「0がみっつ、0がみっつ」とつぶやきながら歩いていくのですが、そんなものはできません。つぎのカーブをまがったらもう歩くのはやめよう。そう考えてカーブをまがっていきました。するとすぐ近くに000という数字が見えました。その前までいって、まんなかの0にそっと耳を近づけると、中から話し声がします。

「ここだわ！」

みどりは思いきってその0の中をくぐりました。

2

お茶会へようこそ

すっとからだが中に入り、明るい庭のようなところに出ました。大きな木の前にテーブルがあって、人影がみえます。

「やあ、いらっしゃい！　来ると思った」

とさっきの声。声の持ち主はネズミのようなイキモノでした。よく見ると、なんとまあ、あの『不思議の国のアリス』のお茶会の登場人物たちが、みんなみどりのほうを見ているのです。ネズミはネムリネズミです。

「ようこそ、2兆2億2222222回目のお茶会へ」と、帽子屋がいいました。

「一緒に遊びましょうよ」とアリスが、みどりのほうにむかってやってきて手をさしだします。みどりは「これはきっと夢を見てるんだわ」と思いました。だからすぐにさめるはずだと思いました。

「夢の中じゃないよ、ここは」と、ネムリネズミがかん高い声でいいました。

「夢の中じゃなくて数《かず》の中さ」

そういってネムリネズミはテーブルの上にとびのっておどりはじめました。

ぼくらは数《かず》の中
どこまでいっても終《お》わらない
いつまでやっても終《お》わらない
π《パイ》のティーパーティ

どんな数でも
どんなお菓子《かし》も
いつかかならず
π《パイ》の中から出てくるが
あんたはπ《パイ》の中から出られない
紅茶《こうちゃ》のおかわり自由だよ
おなかいっぱい

うたいながらタップをふみます。数《かず》の国ですって？　あの絵本《えほん》が入《い》り口《ぐち》だったの？

みどりはわけがわかりません。


「わたしはここから出られないの？」

みどりは勇気をふりしぼって椅子《いす》にすわり、となりのアリスに聞きました。

アリスと会話をするなんて、信じられないような出来事です。

アリスはみどりの目をじっと見ていいました。

「そんなこと考えてもむだなの。わたしだって、いつここに落ちてきたか忘れるぐらいいるけど、まだ出られないんだもの、ずっとこのお茶会で、席をぐるぐるかわりながら帽子屋の出すパズルをみんなでといてるの。ねえ、そんなことより、いっしょにパズルをといてちょうだい」

テーブルの中央に座っていた帽子屋は、みどりを見て、

「ひさしぶりの新入りだな。では2兆2億2222222問目の問題を出すぞ！」

といいました。そして帽子の中からこんな形のケーキを取り出したのです。

「うわあ、おいしそう」とアリス。

「スペードの形のタルトだ」と帽子屋。

「これを3つに切って組み合わせて、ハート形にすること！　できないと、食べちゃいけないぞ」と帽子屋。

すると「わかった！」といって、三月ウサギがナイフでさっさと切ってしまいました。

「だめだ、だめだ、そんな切りかたじゃあ、ぜんぜんハートにならないぞ！」と帽子屋がおこりました。

「もういい、ケーキがもったいないし、今日はボクも早くケーキが食べたいから正解をみんなに教えてやる」

といって帽子屋は、もう一つ帽子の中から同じスペード型のタルトを取り出しました。そして「これが最後だからね」といいながらナイフをケーキにあてました。

三月ウサギの切ったケーキ

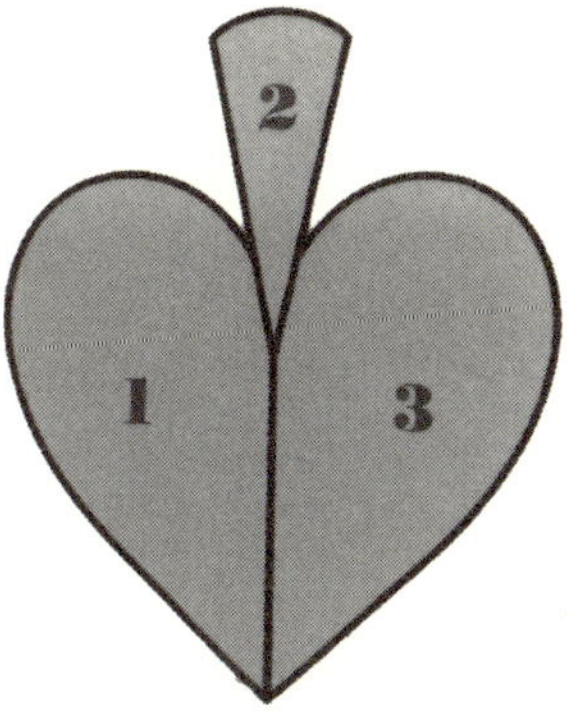

「こう切って、こうすりゃいい。でっぱりを下にもってくるんだ」

「わあ、すごい　ホントにハート形になった！」

アリスが拍手しています。

みどりもタルトをもらいました。ハート形の下の「2」のところでした。

でも、食べてみるとぜんぜん味がしません。おかしなお菓子！　みどりはそう思いました。

3
アリスとシロウサギは出会えるの？

「こんどの問題はもっとむずかしいぞ!」と帽子屋がいいました。

そしてテーブルに大きな絵をひろげました。

「何これ?」とアリスが絵をのぞきこみます。

よく見ると小さなアリスとシロウサギがその中に立っています。アリスは両手を背中にまわして前を見ていて、ウサギは懐中時計をのぞき込んでいます、そう、いつも絵本の中で見ているあの格好です。

「この公園には、こんなぐにゃぐにゃした壁があって、壁の内側と外側が分かれている。アリスとシロウサギは壁の内側か外側のどっちかにいる」

「つまり外側と内側、べつべつの場所にいる」とネムリネズミがいいました。

「そういうこと。ということは、おたがいに会いたくて歩き続けたら、いつか会えるか、探しても探してもまったく会えないのどっちかしかない」

「わたしが壁の中にいてウサギが外にいたら出会えないし、私が外にいてウサギが中にいても、やっぱり出会えないってことね」とアリス。

「そりゃそうだ」と、ネムリネズミが、もう興味をなくしたみたいな声でいうと、テーブルの上に寝転がった。

「壁は乗《の》りこえられないんですかい?」と、急に三月ウサギがいったのでみどりはびっくりしました。ウサギっていうよりウナギみたいな、へんな声です。

「壁は高さが2メートルあるから、そんなものこえられるわけがない」と帽子屋。

「大きくなるケーキはないのかしら?」とみどりは思いました。『不思議の国のアリス』でアリスが食べたあのケーキを思い出したのです。

「大きくなるケーキとか、壁を通り抜けられる薬とか、そういうものはないからね」と、みどりのこころの中を見ぬいたように帽子屋がいいました。

「さてここからが問題!」と帽子屋が叫びます。

「この絵の中のアリスとシロウサギが出会えるか出会えないか、どっちだ? 指で壁をなぞったりしないで、この絵からすぐにわかる方法がある」

外からアリスまで指でなぞろうとしていたみどりは、それを聞いてびっくりしました。

「なぞっちゃダメなんですか?」

「なぞっちゃダメだね。そんな方法だったらだれでもできるし、時間がかかりすぎる」と帽子屋。

みどりはじっと絵をにらみました。道をなぞる以外の方法があるなんて信じられないし、ぜんぜん見当もつきません。アリスとシロウサギのあいだにはぐにゃぐにゃした壁が何じゅうにもあって、見ているだけで目がくらくらしてきます。

「こうさん、教えてよ」とアリス。

「簡単な方法なんてないっす」とネズミが起き上がった。

「簡単さ、数えたらいいだけだ。みんな数ぐらいかぞえられるだろう」と帽子屋。

「20ぐらいなら」とアリス。

そのときみどりは、ふいに妹のあんずのことを思い出しました。あんずは3まで数えられる。そのあんずのクリスマス・プレゼントの絵本をさがすために、神保町の北沢書店に行ったのに、どうしていまこんなところにいるのかわからない。

「20までじゅうぶんさ。何をかぞえるかさえ、わかればいいんだ」

「何って、なんにもないじゃんか、壁以外に」とネムリネズミ。

「あ。壁をかぞえるの？」とアリスはいって「でもつながってるから壁はひとつよね」

「いいぞそこの女の子。その壁をかぞえるんだ、線とぶつかる回数を」

「え？　ぶつかる？」とアリス。

「アリスとウサギから外側に向かって直線をひき、その直線が壁とぶつかる回数だ。もう答えをいったぞ」

「かぞえましょうかね」と三月ウサギが、アリスとシロウサギから外に向かって線をひきます。

「かぞえたかな？」と帽子屋はみんなが数をかぞえ終わったころ、解答図をテーブルにひろげました。

「ほれ、よくみなさい。アリスから外に引いた線は、どの方向に向けても、壁とすべて奇数《きすう》回交差《こうさ》している」

「ほんとだ」とアリスとネムリネズミ。

「シロウサギから外に引いた線は、偶数回だろ」

10
12
7
4
7
9
9

「うわあ！」とアリス。

「つまり、アリスは壁の内側でシロウサギは外側にいることになって、二人は会えないんだ。残念だね！」

帽子屋は椅子からたちあがって、アリス、三月ウサギ、ネムリネズミ、そして新入りのみどりを見回して、もったいぶった顔でさらに続けました。

「アリスとシロウサギが出会えるか出会えないかということだけを知りたいならもっと簡単な方法がある」

「わかった」とネムリネズミがとびはねました。

「アリスとシロウサギのあいだに線をひくんだネ！」

「ネズミにしては上出来だ」と帽子屋。

「7よ」とアリスが答えを先どりしていいました。

「きみ！　いま数えてるのにどうして先に答えるの！」とネムリネズミが怒ります。

「声がかすれてたから、よみあげるのを手伝ってあげたんじゃないの」

「さいごの数をいう権利はボクにあったのにい！」

「この国《くに》にさいごの数というのはないぞ。壁の数は7で正解だ」と帽子屋がいいました。

「7は奇数だからふたりは出会えない。偶数だったら出会えるが」

きょとんとしているみどりの顔を見て、帽子屋がいいました。

「そこの女の子にどうしてそうなるのか説明してやろう。ほら、ここにこんなまるい輪っかがあったとしなさい」と、ただのまるい輪を描きました。

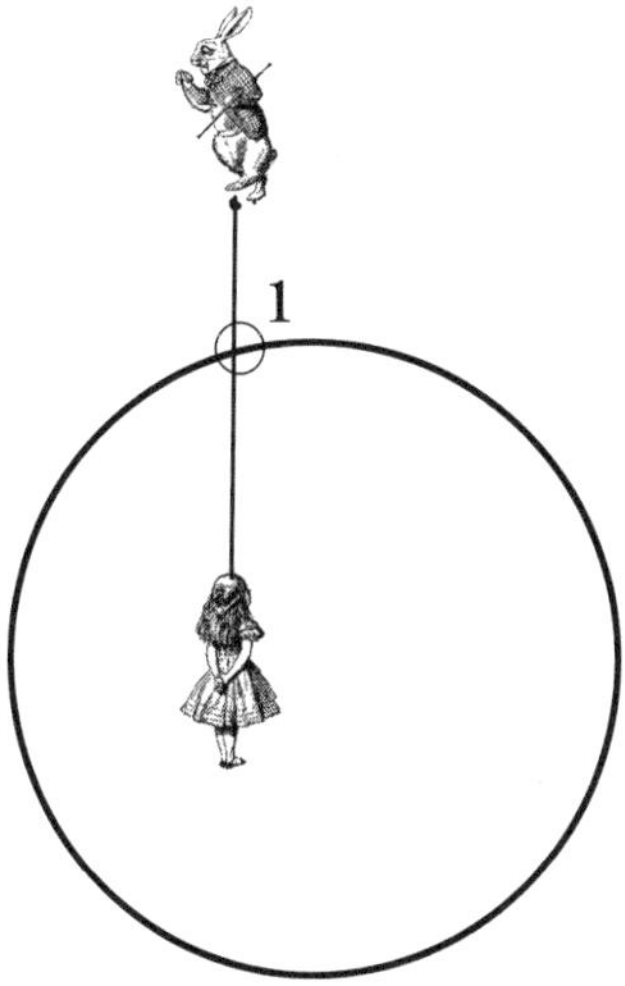

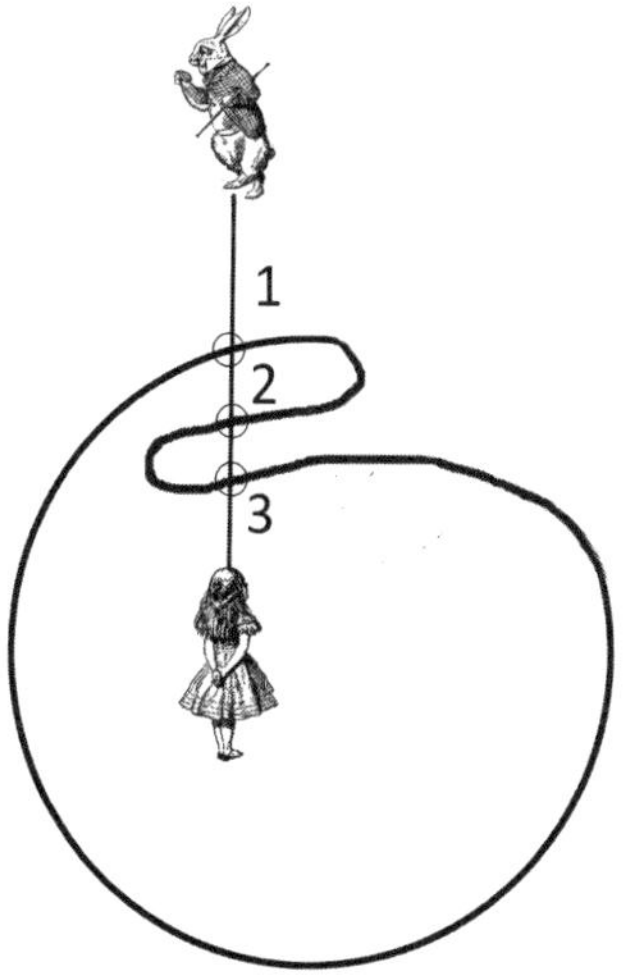

この輪っかの中と外にアリスとシロウサギがいるとすると、壁の数はどう見たって「1」だろ？　下の絵のように壁が1回くいこんできてもやっぱり奇数になって、アリスとウサギは壁の中と外にいることになる。どんなにふくざつな形になっても、線

が壁を出たり入ったりするだけで、中と外の奇数関係は変わらない」

帽子屋の説明はムズカシクてよくわかりませんでしたが、それでもみどりはオチャカイにきてはじめてちょっと感心しました。

4
世界の中心

「では応用問題！」と帽子屋が、別の絵をテーブルに置いて、大きな声でいいました。そこにはなんだかぐるぐるしたものが描いてあります。みどりは本屋で見たあの数字の渦を思い出しました。

「これはなんだかわかるかい、ネズミくん」と帽子屋がネムリネズミを指さしました。「ヘビだ。ぼくの嫌いなものでス」と、叫んでネムリネズミが部屋の隅まで走っていって飛びあがりました。

いつのまにか、三月ウサギもどこかに隠れてしまいました。

「キャー！　やめて！　ヘビ大嫌いなの！」それより先にアリスも、もうとっくにどこかに隠れています。

みどりだけが、テーブルに残ってその絵を眺めていました。

「ヘビっていってもただの絵なのに、みんな恐がりだな。そもそもホントにヘビを見たことがあるのかね」と帽子屋。

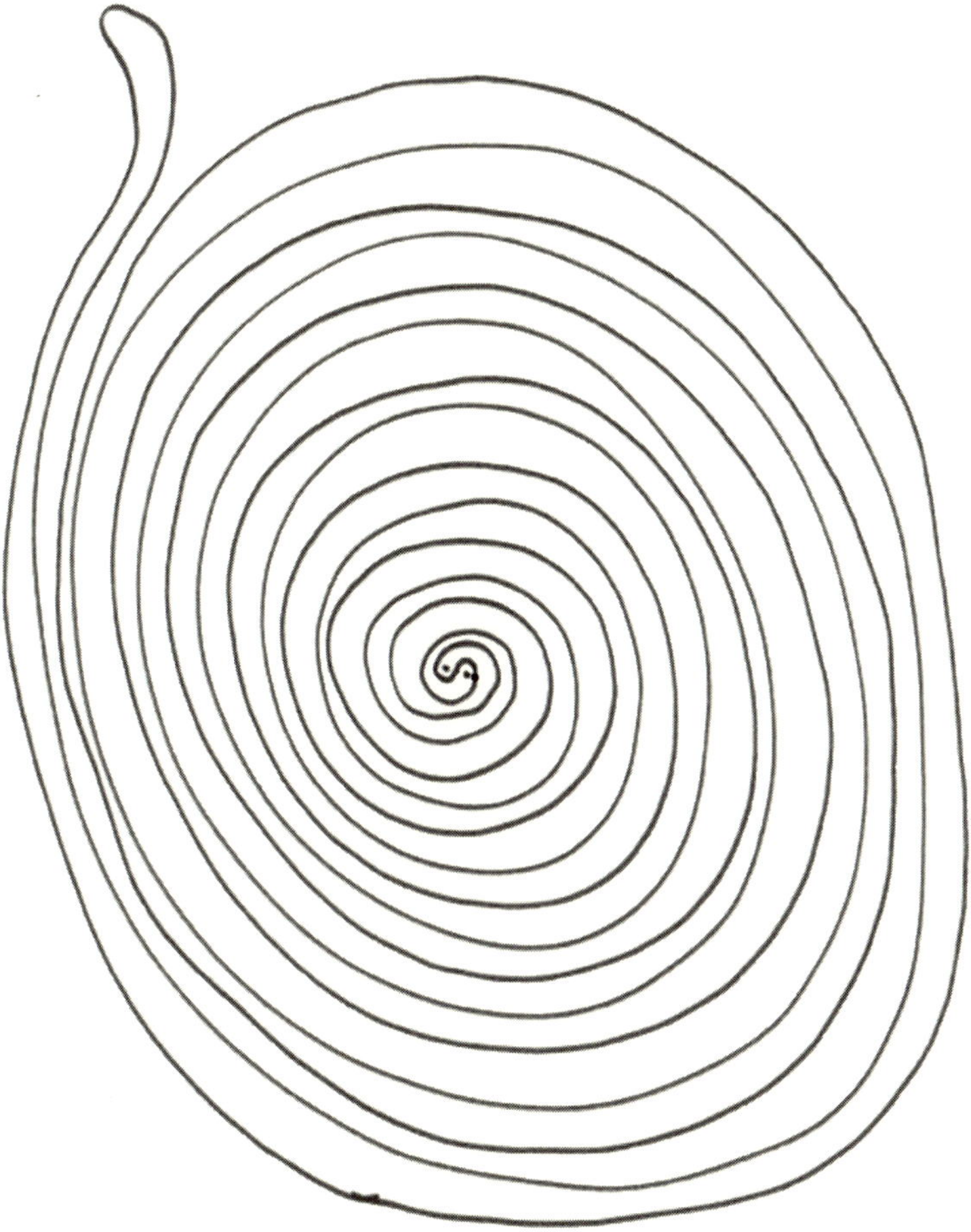

「きみ、よく見てごらん。尻尾はひとつしかないだろ。顔がふたつで尻尾がひとつ。つまりどっちかはにせものの顔で、ヘビは1匹しかいなんだ。どっちが本物かわかるかい？　指でなぞらないでだよ」

みどりははじめて自分に出された問題にどきどきしてきました。でもこれって、さっきのアリスとシロウサギの問題に似ていない？　線をひいて、数えたらいいんじゃない？　そうよ、きっと！　そこでみどりはできるだけ落ち着いた様子で、

「ねえ、帽子屋さん、もしこれを解いたら、ここから出て、本屋さんに帰る方法を教えてもらえますか？」と聞きました。

「それはむりだ、そんなこと。きみがかってにここにやってきたんだからね」

ヘビの絵を見ていると、まるで自分がそのヘビの中にのみこまれて、外に出たいともがいているカエルのように思えてきます。そのとき、ふいにみどりはこう思ったのです。もしここが、たとえば本物のヘビの中はなくて、ニセモノのヘビのほうだったら、そのままぐるぐる歩いていけば外に出られるんだわ！

みどりはいそいで外からヘビの顔に向かって頭の中で線をひいてみました。そしてその線がぐるぐるしたヘビのからだと交わる点の数を数えました。15！　奇数は壁の内側って、さっきわかったんだから、つまりこの顔は、ヘビの内側というか、ヘビな

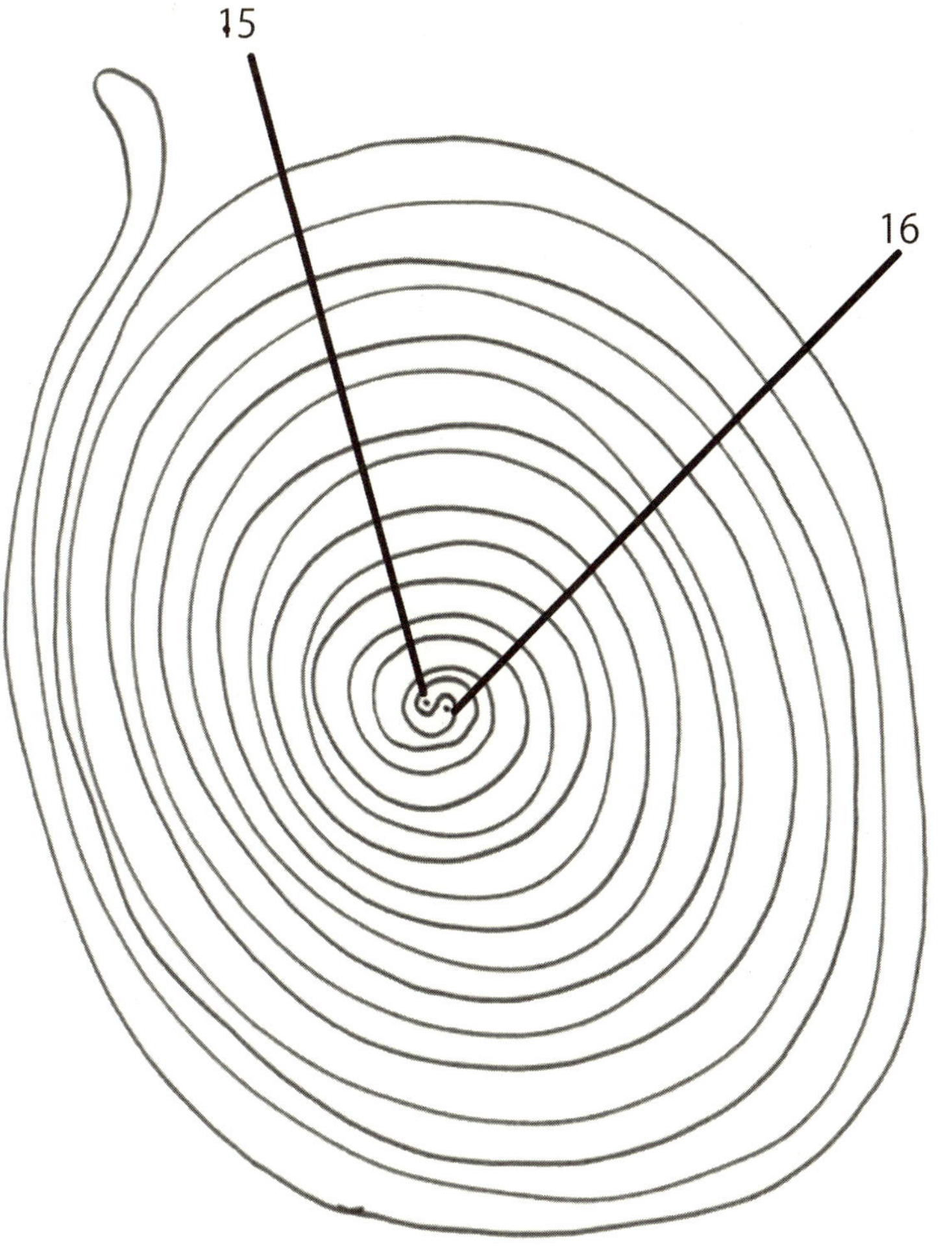
15
16

のよ！　もうひとつの顔を調べる必要はないわ。

「こっちが本物でしょう！」とみどりはその顔を指さしていいました。

帽子屋は自分で線をひいてじっくり説明したかったのに、その前にみどりが正解を出してしまったので、がっかりした顔をしました。

「正解ってのはつまらないね。せっかく開いたオチャカイがはやく終わってしまう」

「ねえ、お二人さん。どっちがヘビかなんて、どうでもいいわ。はやくその絵をどこかにしまって」。どこかからアリスの声がしました。

「ここがヘビのお腹の中だったら、私は外に出られない。でもそうじゃなければ、最初から外にいるのよ」と、みどりはひとりごとのようにいいました。

「ここは数のお腹の中だよ。くねくねしてるし、ヘビに似たようなもんだ。イヤだねえ」とネムリネズミが出て来ていいました。

「でもこの数ってやつには尻尾がない。どこまで行ってもね」

「もし尻尾がみつかったらどうなるの」と、アリスがテーブルの下からいいました。

「うわっ、やめてくれ！」と叫んでネムリネズミがあたりを見まわしました。

「数がもし自分の尻尾をみつけて飲み込んだら」と帽子屋がいいました。

「みんな消えるのさ」

5 ツバメたち

そのときドアになにかがぶつかる音がしました。

「来たぞ、素数ツバメだ。またドアをまちがえてる」と帽子屋。

「素数つばめって？」

「素数のドアのところだけ、出入りできるツバメさ」とネムリネズミ。素数のドアからしか出入りできないのに、ときどきまちがえて、ぶつかるのだ」と三月ウサギ。

「ツバメを入れてあげたら？」とみどり。

「ではとくべつに素数ツバメを入れてやろう。でもって、パズルの手伝いをしていただいてから出て行ってもらいます」といいながら帽子屋が数字の0ドアを開けたとたん、ばさばさっと黒いツバメたちがつぎつぎ部屋に飛び込んできました。

「ここは0だ。まちがえなさんな」と帽子屋がいうと、ツバメたちはテーブルの上にとまって静かになりました。

「まあ、しょうがないから、ちょっと休んでいきなさい」

「私といっしょに渦の中に落ちてきた本屋さんのツバメは、ここにはいないのかな」とみどりはじっとツバメたちを見ました。どれもソックリで、あのツバメに見えます。あのツバメはクリスマスの飾り物で、1という数字を口にくわえていたわ。1は素数なのかしら？　素数って何？」

「1」は素数じゃないってことになってるよ」と三月ウサギ。

この人たち、みんなわたしの考えていることがわかるのかしら！

素数ツバメたちが飛び立って、ぐるぐる回りはじめました。

「ここにはいろんなツバメがいるんだよ」と帽子屋。

「みんな数の管理をやってるんだ。とくに素数ツバメは変わり者が多い。なにしろ不規則だからな、素数ってやつは」

ツバメの1羽が、急に高く飛び上がると、30けたほどもある数をくわえてテーブルの近くに持ってきました。

「これは素数だといってるんだ」と帽子屋。

「どうしてわかるの？」とみどり。

「もうすぐわかる」と帽子屋。

すると、数字をくわえたツバメはそれを下に落としました。

数字は、地面に落ちても割れませんでした。

「割れずんば素なり」とネムリネズミ。

「ツバメたちは計算しなくても、地面に数を落すだけで素数を見つけるんだよ」

「大きくなったら落とすのがタイヘンじゃないんですか?」

「落とさなくても、ぶつかるだけでわかるらしい」

「音でわかるのね」

みどりは数が音でできていることが、なんとなくわかるような気がしました。でもどうしてなのかそれはわかりません。

6

世界でいちばん強い魔方陣

「今日の問題は魔方陣だ！」と帽子屋。

「はいはい、これですね。あたしゃ、魔法陣は大好きで」とネムリネズミが急におきあがって紙切れをとりだします。

「たてよこ斜め、足して同じになる」

「これはもうだれもが認める、足すと15になる3列の魔方陣だ」

2	9	4
7	5	3
6	1	8

「たてよこななめ、ぜんぶで15。こんなの常識」

とネムリネズミが歌いだす。

みどりは魔方陣のことをぜんぜんしらなかったが「数独《すうどく》」なら知っている。おじいちゃんがよくやっていたのだ。

「でもね。3列の魔方陣はあって、2列の魔方陣はどうしてないの？」とアリスが帽子屋にききました。

「いい質問だ。じゃあ2列のをじっさいにつくってごらんよ」

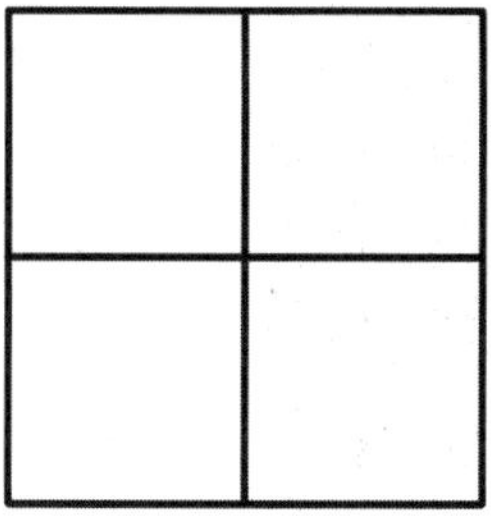

そういって帽子屋がこんな図形を描きました。そこにはたてよこ4つの升目《ますめ》が空白になっています。たてよこ2列です。

みどりはとりあえず、1と2と3と4をあちこちに入れてみました。でもどうやったってたてよこが同じになりません。

「ウッフッフ」と帽子屋が笑いました。

すると、「こんなのなら持ってますがね」と、ネムリネズミがまっ黒な紙を取り出しました。

「まえにヒマだったから作ったんですよ」
よく見ると小さなマスがあって、びっしりと数字が書き込まれています。

「これ、ぜんぶたてよこ斜め同じになるの？　ウソでしょ」とアリス。

「なりますとも」とネムリネズミ。

「とにかく2列のは不可能。でもホントはもっと小さいのならできるんだ」と帽子屋。

「みんなできないと思いこんでるけどね」といいながら、帽子屋は紙に何かサッと書きました。「これが最小で最強の魔方陣だ」

そこには四角いわくと、その中に1とだけ書かれていました。こんなふうにね。

1

その「1」は、あの本屋さんのクリスマスツリーでツバメが口にくわえていた

「1」とそっくりでした。みどりは四角の中にあのツバメがかくれていないか目をこらして見ましたが、何もいませんでした。

7

奇妙なテーブル

「8×8＝64の面積の茶会用のテーブルがある。それをわしが上のように切って、下のように再構成したところ、おかしなことに面積が5×13＝65になっていた」

「つまり面積が〝1〟増えていたのね」

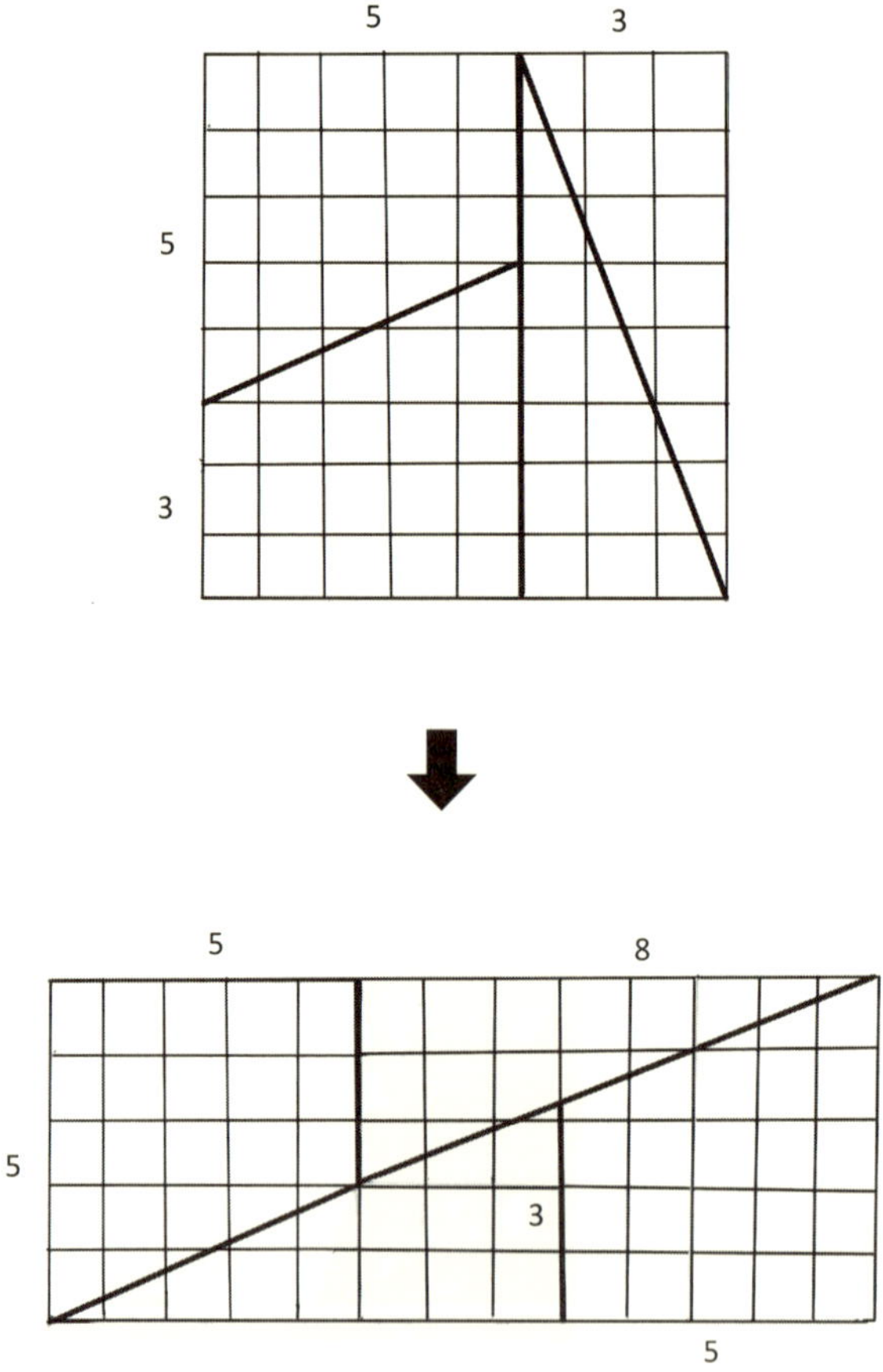

「そういうこと」

「すごい、すごい！」と叫んでネムリネズミがそのテーブルにぴょんと飛び乗った。そのとたん、テーブルの上からすっと消えてしまった。

「きゃあ、ネムズ！」とアリス。

「ネズミだろう」と三月ウサギ。

「ネムリネズミだから、ネムズでもネズミでもミズネでもいいんじゃないの。とにかく急にいなくなったわ！」

「いるさ、ほれ、テーブルの下に」

「いた！」

「まだ寝てる」

「失神してるんじゃろ」

「でも不思議。どうして？」

「テーブルに細長いスキマがあいてるんじゃ」

「スキマですって？　あ、ホントだ、あいてる」アリスがテーブルをのぞきこみました
「そのスキマからネズミは落ちたんだ」

「でもどーしてスキマがあいてるの？」

「テーブルの板の面積が減るわけないだろう？　面積自体は最初と同じ64で、最初と変わってないのさ。ネムリネズミはななめの切り口と切り口の角度のちがいがつくるスキマから床の上に落っこちてしまったのさ」


「スキマができたのに、テーブルの端はぴったり合ってる！　どうして、この問題を作った人はスキマができるってわかったのかしら？」みどりは帽子屋にききました。

「数に〝1サイズ〟のスキマが出来ることは数列の世界では有名な話だ」と帽子屋。

「法律みたいなもんだね」

「説明をおねがいします」とみどりは真剣に言いました。ひょっとしたらそのスキマから、外に出られるかもしれないと考えたのです。どんなチャンスでもいかさないと、本当に永遠にここから出られないかもしれません。

「1、1、2、3、5、8、13、21、34、……と続く数は前2つの数を足して次の数をつくることでできているだろ。1＋1＝2、1＋2＝3、2＋3＝5、5＋8＝13だから。あともぜんぶそうなっている。

　このグループで、1つとびの数字をかけあわせると、その間に挟まれた数を2回か

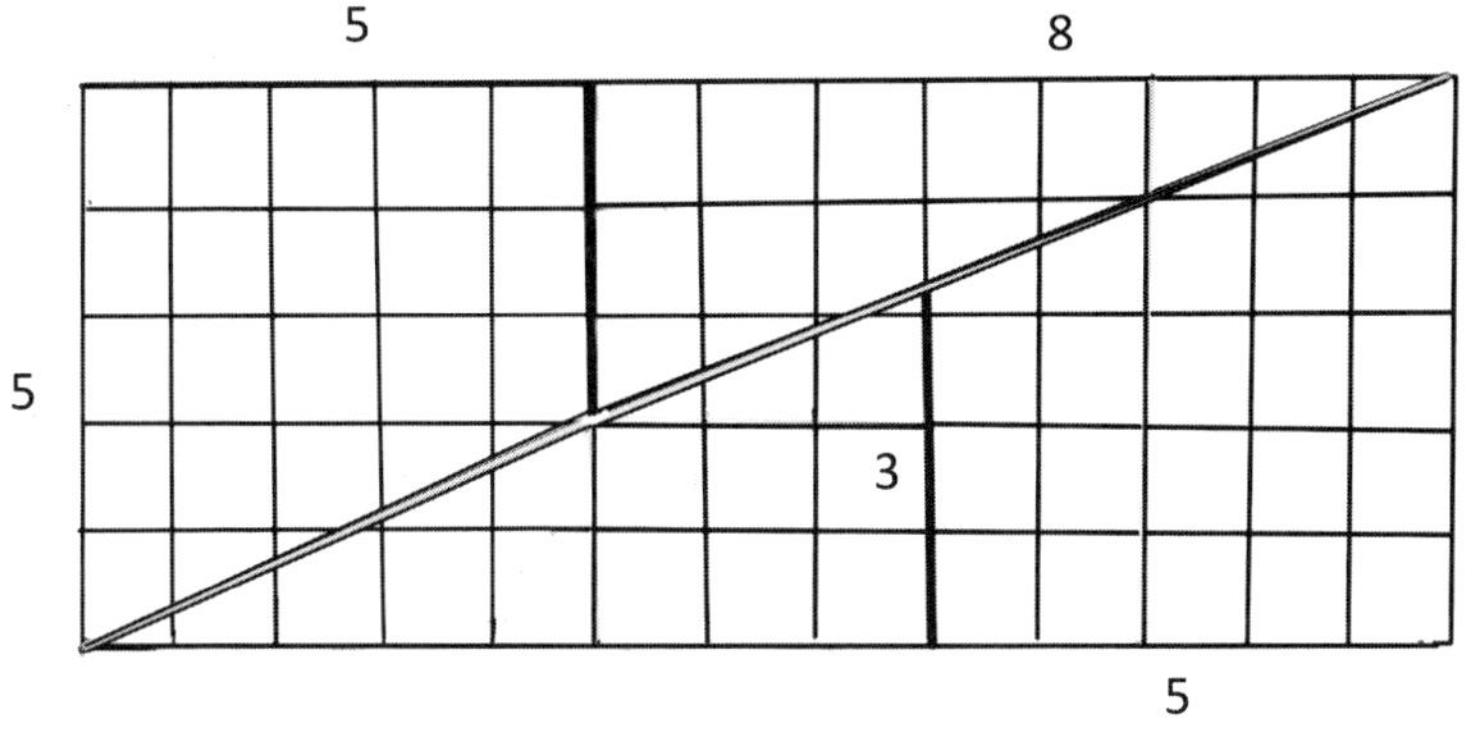

細長いスキマのできたテーブル

けた数との差が、かならず1か-1になるんだ。たとえば、2×5＝10、そのあいだの3×3は9で、10との差は1。同じように、3×8＝24、そのあいだの5×5は25で、24との差は-1。そしてその次の5×13＝65、そのあいだの8×8は64で、差が1になるだろ。全部この数列のつくる1サイズのスキマだ。これを使ってテーブルのタテヨコのサイズにしたら、さっきのテーブルの組み替えで1のスキマができるんだな」

と帽子屋がまくしたてたので、ネムリネズミが目をさまして

「ちょっと、まって」

と叫びました。

「そんなに小さいスキマがたくさんあったら、ぼくはおっこちてばかりじゃないの。あぶないよ」

「すきまのあるテーブルをつくらないかぎりは、だいじょうぶさ。ただの計算なんだから」と帽子屋。

「ただの計算のスキマから落ちる場合もあるからね。三月ウサギやそこのアリスみたいに、ぜんぜん計算ができないならいいけど、あんたみたいなのが勝手にスキマをつくっちゃうでしょ。そしてぼくを待ちぶせする」

「そのスキマから外に出られないんですか？　数の世界の外に！」

とみどりは思いきっていいました。

「さあ」とニヤッと笑って言った帽子屋は、「もう1問！」と、こんな絵を出しました。

「上の三角形の建物を、下のように組みかえたら、ちいさな空間があいてしまったんだ。アリスがそこにいるだろ?」

「面白い」とアリス。

「なんでだろ」と三月ウサギ。

「これもさっきと同じ数列のスキマから作った1サイズの空間だ」と帽子屋。

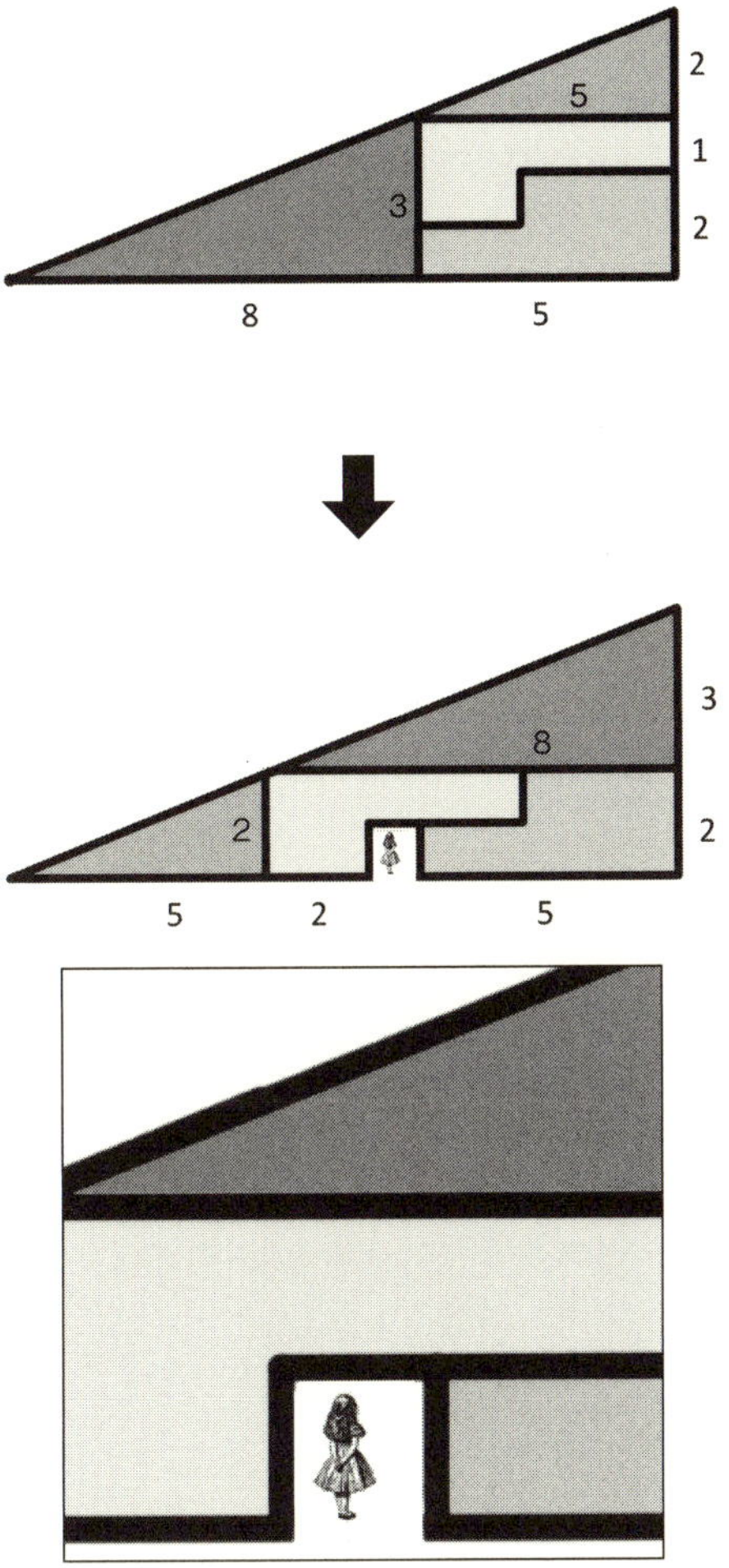

スキマに入ったアリスの拡大図

そこにやっぱり「出口」があるような気がして、みどりはドキドキしました。

「数のスキマをさがさなくちゃ！」

8
ウサギは何キロ走ったのか？

「いまから1時間目のパズルを出す」と帽子屋がいました。

「1時間目ということは2時間目もあるってこと?」

とアリス。

「いやきっかり一時間で終わりだ。ここには時間はないんだからね」

「じゃあ1時間目ってことは言えないじゃない」

「とにかく1時間なんだ。そういう問題を出すんだから」

「1時間の問題?」

「そうだろ。いいかい、いまアリスと鏡の中のアリスが鏡に向って歩いておる。最初は鏡から10キロこっちと向こうにいて、ふたりが歩くスピードはまったく同じだ」

「そうね、どっちもあたしならたぶん」

「時速10キロで歩いている」

「ふたりとも時速10キロって、まあ、カメみたいにゆっくりね。でもいいわ、そのほうが楽だし」

「同じ速度だから1時間で2人は鏡のところにやってくるじゃろ」

「そうね」

「歩いている2人のアリスの間を、ウサギが時速15キロで行ったり来たりしておるんじゃ。シロウサギは鏡を通過できる。こっちのアリスから向こうのアリスまで行くと、そこからひきかえしてまたこっちのアリスまで戻ってくる。そしてまた引き返して向こうのアリスまで行ってまた戻ってくる。それをくりかえしている。問題は、2人のアリスが出会うまでに、シロウサギが走った距離はどれだけか？　ということじゃ」

「うわあ、むずかしそう。だってあたしたちは、歩いてるんだもの」

アリスはしばらく目を閉じて考えていたが、急にネムリネズミが、

「考えたってわからないなら、絵を描こう」と叫んだ。

「答えを言おうか」と帽子屋。

「シロウサギは時速15キロで1時間走ったんだから、1時間で15キロ走ったことになるじゃろ。計算はまったくする必要なし。中途半端に頭がいいとがんばって計算してしまうヤツがいるがね」

鏡の中をシロウサギは通り抜けられる

「次の問題！　半径10メートルの円形の公園のAとBに、わしとアリスがいる。公園を半径にそって4つに区切った道の上だ。中心からアリスまでは6メートルだよ」

と帽子屋がいった。

「2人をむすぶ線が、ななめにひいてある。さてこのふたりの距離は何メートルだ？」

「つまり、ななめ線の長さってことだね」とネムリネズミ。

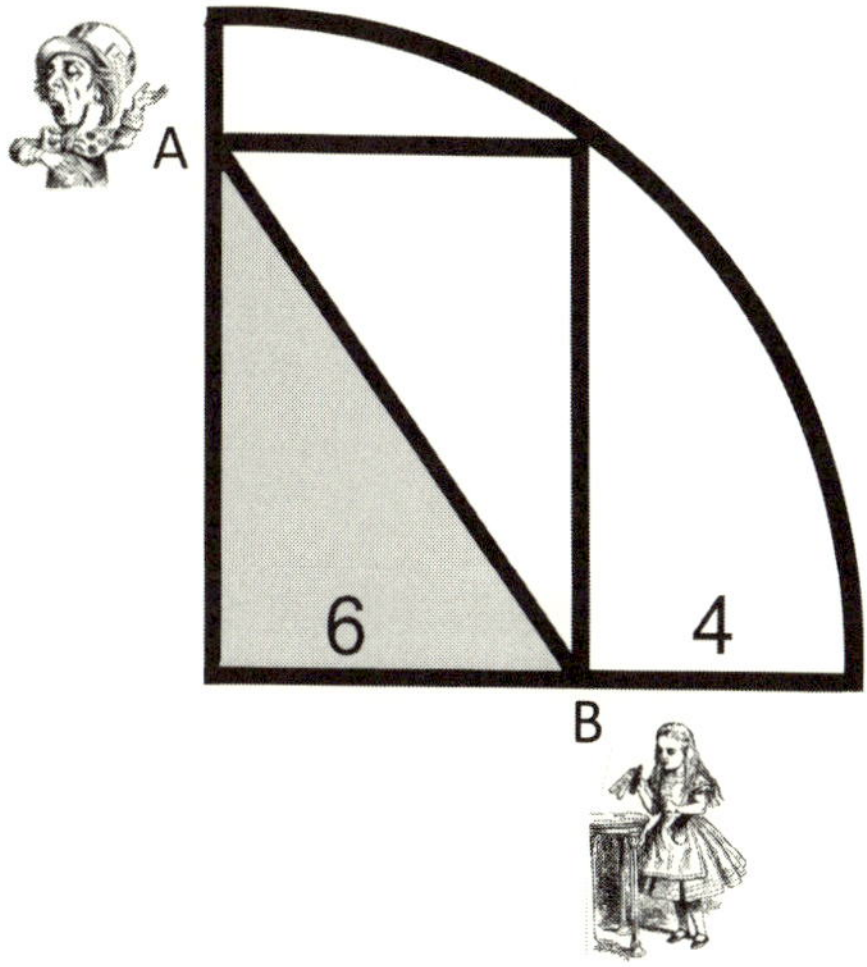

「そうだ」と帽子屋
「ええっと、円の中心からアリスまでは6メートルだから、次に円の中心から帽子屋までの距離《きょり》をだして……。これって算数じゃなくて、数学っぽい」とみどりは思いました。

「そこの女の子、わかったみたいだね」

「方法はわかったけど、計算ができそうにないわ」とみどり。

「どうしてだい。方法がわかったら、できないことはない」とネズミ。

「中心から帽子屋さんまでの長さが、わからないわ」

「ははあ、あんたのその方法というのは、あれだね」と三月ウサギ。

「直角三角形のたてヨコななめの2乗の定理」

「そう、それ。それでやるの」とみどり。

「だけど、帽子屋までの長さがわからないんじゃあな」とネムリネズミ。

「方法がまちがっておるんだよ。もっと簡単にできる方法が別にあるのだ」と帽子屋。

「ぼくなら走っていって時間をはかるよ。ぼくが1分で走れる距離は1キロだから15秒でついたら、その4分の1さ」と三月ウサギ

「距離を時間に置き換えるって、すごい」とみどりは三月ウサギのアイデアに感心した。

「そんな面倒なことはしなくていい。この絵からわかるさ。1秒でな」

と帽子屋。

「1秒！」とアリス。

「もっと速くわかるさ」

「てことは、計算しなくていいってことだ」とネムリネズミ。

計算なしでわかるなんてホント？　とみどりはもういちどその絵をじっとみつめました。わかっているのは円形の公園の半径と中心からアリスまでの距離だけです。そしてその半径は10メートル。

みどりは悔しくて仕方がありません。

突然三月ウサギが飛び上がりました。

「わかった、わかった、あっははは－」と踊り始めました。

そんな三月ウサギを見たのははじめてだったので、みんなきょとんとしています。

「いじわりるなウサギね」

とアリス。みどりもそのとおりだと思います。

「こいつの笑いがいいヒントじゃないか、もうわかっただろう」

と帽子屋。

「答えは10メートルさ。どうしてか、それを考えなよ」

みどりは、はっとしました。

アリスと帽子屋をつなぐ道って、この円の半径と同じだわ！　つまり10メートルってこと。なんだ、そうなの？　やられたわ！

三月ウサギはまだにやにやしています。

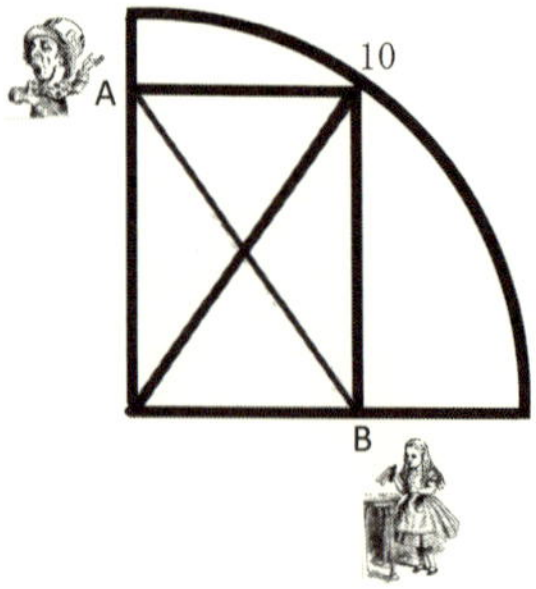

9
あなたは
わたしのお父さんではありません

「ある部屋にシロウサギとシロウサギのお母さんがいた」と帽子屋。

「シロウサギのお母さんなんてはじめて聞いたわ！　会いたいなあ」とアリス。

「その部屋にシロウサギのお父さんが入ってきたんだ。

そしてシロウサギに向かって「おまえは私の子供ですか？」と聞いた。

するとシロウサギは「私はあなたの子供です。でもあなたは私のお父さんではありません」と言ったんだ。「どうしてだ？」

「なにそれ、ありえない」とみどりは思った。

アリスも「入ってきたのはお父さんなんだから、それはシロウサギのお父さんよ！」

と叫ぶ。

「子供＋お父さん＝親子にあらず」とネズミはぶつぶつ言っている。

「シロウサギは、ひねくれてるわけ？　お父さんにおこづかいもらえなかったから」とアリス。

「だいたいお父さんがそんなあたりまえのことを子供に聞くなんてヘンですな。アホオヤジかも」と三月ウサギ。

「さあさあ、こたえは？」

「ありえない問題ですね。子供なのに、お父さんじゃないなんて」

「つまり子供はお父さんが嫌いになって、お父さんの子供であることをやめたというわけデスヨ」とネズミが飛び上がった。

「みんなだめだ。この部屋にはもうひとりだれがいる？」と帽子屋。

「お母さん！」とアリス
「シロウサギはさっきの言葉をお母さんにむかって言ったんだよ。お母さんなんだから、お父さんじゃないだろ。あたりまえだ」

「わたしはあなたの子供ですが、あなたはわたしのお父さんではありません。お母さんです！」とみどりが大声を上げたので、ネズミがまた耳をおさえて飛び上がりました。

「聞いたのはお父さんだが、シロウサギはそれにこたえたんじゃなくて、お母さんに話しかけたんだよ。お母さんのことをみんな忘れちゃいかん」

「なんなの、この問題」

「いかさまパーティにぴったりだ」と三月ウサギがおこり始めました。

「いかさまじゃなくて、お父さんとお母さんがさかさま」とネズミがいったのでアリスが笑いはじめました。

「問題ではお父さんに答えたとは言っていない。それをお父さんだと思い込んでしまったおまえたちがウッカリなんだ」

「じぶんがお父さんなのに、子供ですか？　と聞くというところからもうおかしいわ。ありえない問題」

アリスがあきれたような顔で言いました。

10

ツバメたちの再来

帽子屋が口笛を吹くと、今度はマッチ棒をくわえたツバメたちがやってきました。
「マッチで巣を作る、マッチツバメたちだ」と帽子屋。

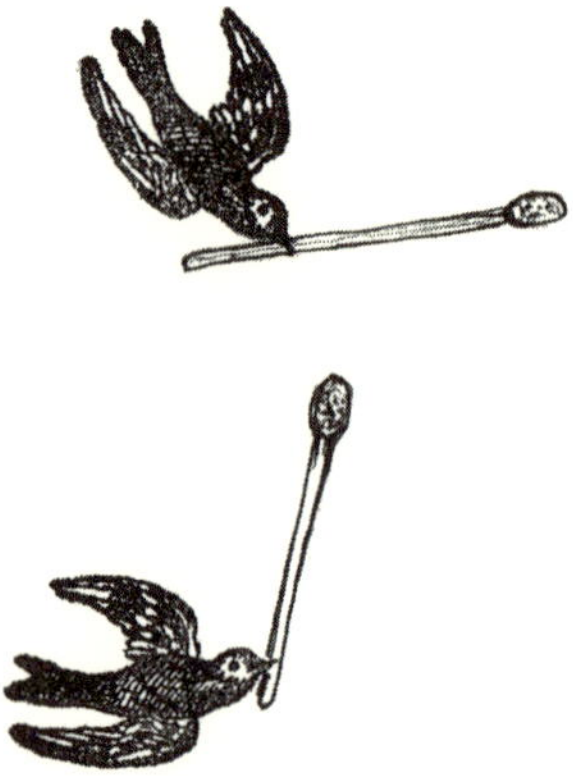

「マッチパズルの手伝いをしてもらおうか。問題その1」帽子屋がそういうと、ツバメたちはマッチをくわえてどんどん運んできて、
まずこんな形をテーブルの上に作りました。35本のマッチの問題です。

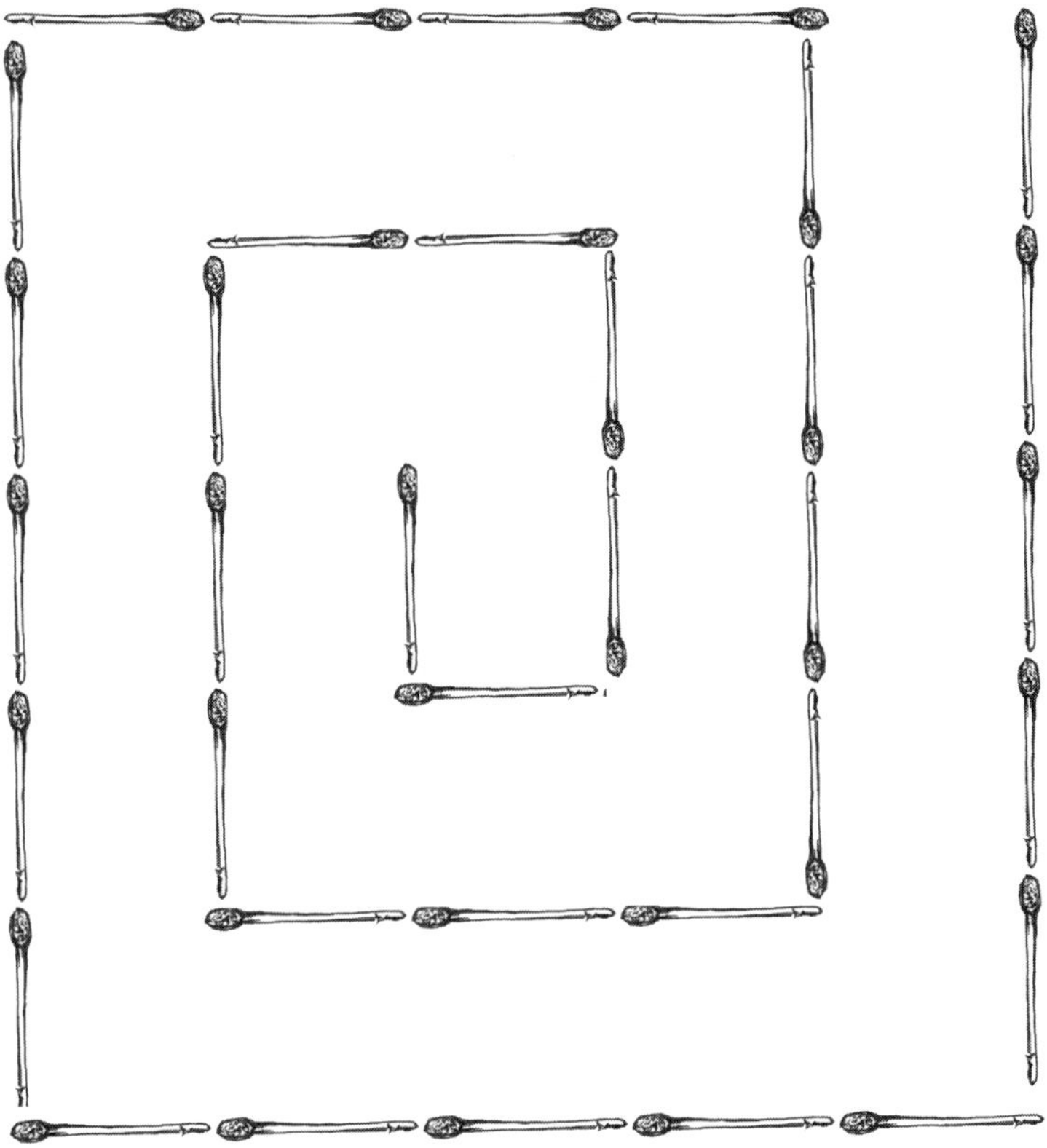

35本のマッチで
マッチツバメが作った問題

「この迷路《めいろ》みたいな形からマッチ棒を4本だけ動かして、正方形を3つ作ることはできるか？　それが問題だ。動かす指示をしてくれたら、ツバメたちがやってくれるぞ」

「あら、すぐにできそうね。正方形でしょ」とアリスがマッチをのぞき込んでいいました。

「これはここでしょ。そしてこれはここ」

とアリスが指さすと、ツバメたちがこんな図形を作りました。

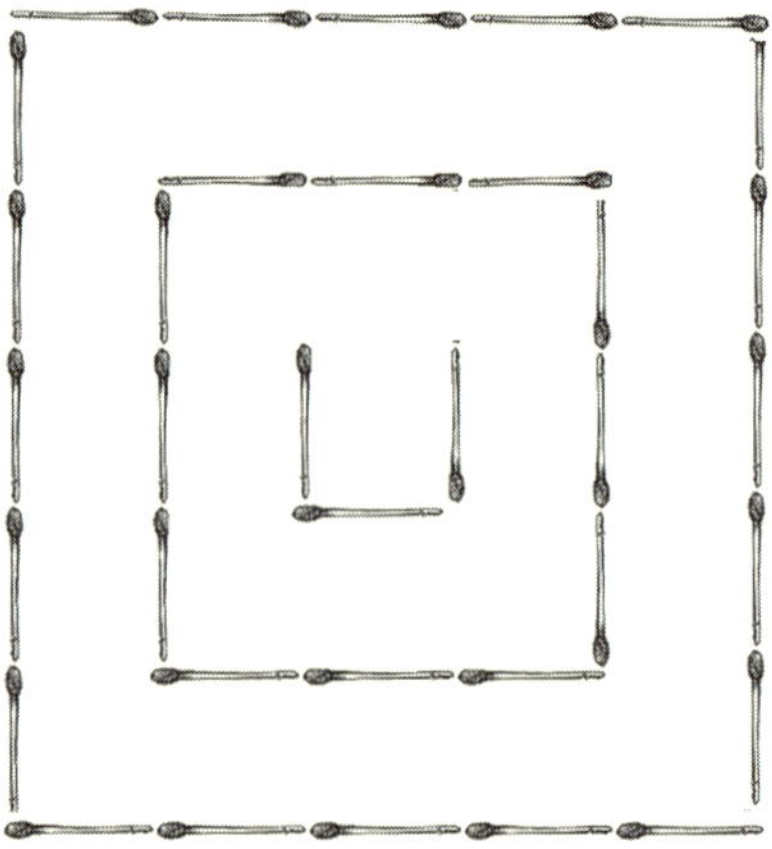

アリスが作った形

「大きい正方形と中の正方形ができたのに！　ああ、ひとつ足らない。マッチ棒が足らないわ！」

「それをマッチがい、という」と三月ウサギがつぶやいたので、みどりはおかしくて笑い出しました。でもみどりにもさっぱりわからないのです。

「これが正解だよ」

帽子屋がツバメを呼ぶと、4羽のツバメがさっと飛んで来てマッチを4本うごかし、あっというまにこんなふうにしました。

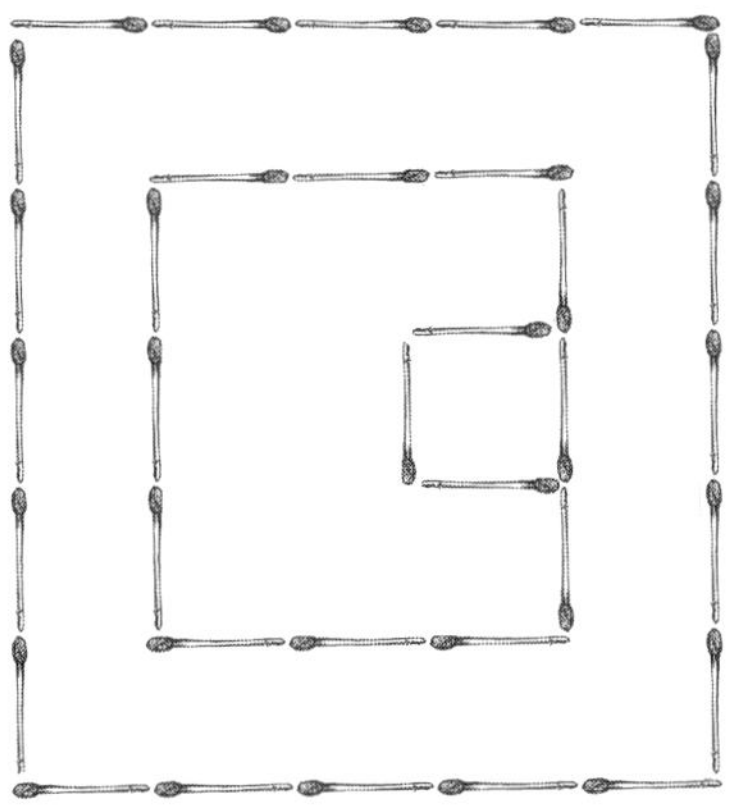

マッチを４本動かして
正方形が３つになった正解

「ではもうひとつマッチ棒の問題だ」と帽子屋がこんな窓のような形を作りました。

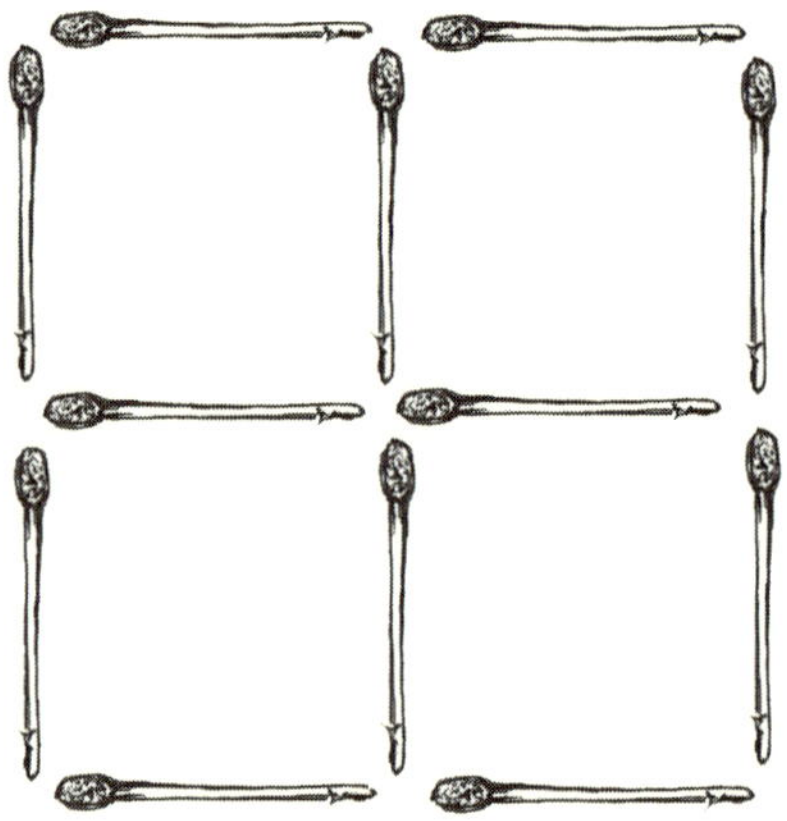

問題
マッチを４本動かして
正方形を３つつくれ。
マッチは重ねないこと。

「ここから4本だけうごかして、同じ大きさの正方形を三つつくる問題さ。これはうん、ホントに名作じゃよ」

「マッチにさわってもいいかしら」とアリス。

「もちろん」と帽子屋。

「動かすには、さわらないとね」

ネズミが唄います。

　4本マッチを動かせば
　あっとおどろき4つが3つ
　あっというまにひとつへる
　そんなアホなことあるわけない

「これはホントにむずかしい」
とうとうアリスはお手上げです。
「はい、こうだよ」と帽子屋がマッチを4本うごかして、こんなふうに変えました。

「3つだ、3つだ！」とネムリネズミ。
マッチツバメが、自分たちがマッチを動かしたかったのに、もうやることがないので空中をぐるぐる飛びまわっています。

「つぎは、アリスをマッチで閉じ込める問題だ」

と帽子屋。

「いまは、7本のマッチで2人のアリスを閉じ込めている」

「やーね」とアリス。

7本のマッチで
閉じ込められた2人のアリス

「同じ7本で、3人のアリスを閉じ込めることもできるんだ。どうやって？」

「もう閉じ込めないでよ」

「どっちみち、この国に閉じ込められてるんだからね」とネムリネズミ。

「7本で3人ねェ……」と、三月ウサギがマッチを動かしながら考えています。

でもどうしてもできません。

「ほら、こうすりゃ3人だろう！」と帽子屋がマッチを動かして三角形を3つつくりました。

「四角じゃないのね、やられたわ」とアリス。

「でも三角なんてせまくるしくてイヤ！」

「マッチツバメのパズルの終了」と帽子がいうと、またツバメたちはどこかに行ってしまいました。

「まって！　わたしを乗せてって！」とみどりは叫ぼうとしたけれど、もうおそすぎました。

「問題がとけたら乗せてってくれたかもね」と三月ウサギが皮肉っぽくいいました。

11
脱出

「きょうは面白い数のパズルを出そう」と帽子屋がいいました。
ツバメたちが数字の6をくわえて、つぎつぎに入ってきます。

最初にツバメたちはこんな式を作りました。

$$2^2+3^2+5^2+7^2+11^2+13^2+17^2=666$$

「素数を小さいほうから順番に7番目まで、それぞれ2回かけあわせたものを足していくと666になる」

「だからどうなの？」とアリス。

「たしかそれ、悪魔の数字っていわれてる」と、みどり。

「おまえの国ではそうかもしれん。でも数の国ではえらいんだ。はい次の666！」

と帽子屋はツバメに号令をかけます。

$$6+6+6+6^3+6^3+6^3=666$$

$$16-2^6+3^6=666$$

「どうだ。666はとにかくスゴイぞ。ほらそこの子、よく聞きなさい」とみどりにいいました。「次は円周率の最初の3をのぞく、144番目の数字までをぜんぶ足すとだな」

そこまでいって帽子屋は一息入れました。

「つまり、1＋4＋1＋5＋9＋2＋6＋5＋3＋5＋8＋9＋7＋9＋3＋2＋3＋8＋4＋6＋2＋6＋4＋3＋3＋8＋3＋2＋7＋9＋5＋0＋＋2＋8＋8＋4＋1＋9＋7＋1＋6＋9＋3＋9＋9＋3＋7＋5＋1＋0＋5＋8＋2＋0＋9＋7＋4＋9＋4＋4＋5＋9＋2＋3＋0＋7＋8＋1＋6＋4＋0＋6＋2＋8＋6＋2＋0＋＋8＋9＋9＋8＋6＋2＋8＋0＋3＋4＋8＋2＋5＋3＋4＋2＋1＋1＋7＋0＋6＋7＋9＋8＋2＋1＋4＋8＋0＋8＋6＋5＋1＋3＋2＋8＋2＋3＋0＋6＋6＋4＋7＋0＋9＋3＋8＋4＋4＋6＋0＋9＋5＋5＋0＋5＋8＋2＋2＋3＋1＋7＋2＋5＋3＋5＋9は？」

「666！」とネムリネズミが答えだけ横取りしました。

「すごいやこれは！」と三月ウサギ。


「でもどうして144番目までなの？」とアリスがあくびをしながら聞きました。

「わたしの身長ってたしか144センチメートルくらいだけど」

「そんなにないだろ？　たぶん正十角形の内角の和は144度だからね」とネムリ

ネズミ。

「ふーん」とアリスがまたあくびです。

みどりはそんなことよりも、とにかく数の世界の外に出る方法をずっと考えていました。666が悪魔の数字でなくて、そんなにすばらしい数字なら、外に出る秘密の鍵が666にないかしら？　なんだか怪しい。ツバメが666についてこんなによく知っているなんて何かありそう。

「ツバメさん、外に出るにはどうしたらいいと思う？」と、みどりは勇気を出して聞きました。

するとツバメたちがまた数字を持ってさっと集まって、こんなふうに並んだのです。
0、1、2の数字の中で、1だけが下を向いています。
「それ、どういうこと？　1のさかさまに出口があるの？」

ツバメたちは、何もこたえません。でも何か1に秘密がありそうだと、みどりはどきどきしてきました。

するとこんどはツバメたちが0のまわりにこんなふうに集まって、何度も0から出たり入ったりする動作をしました。

「つまり、やっぱり0なのね！」

するとテーブルに顔を乗せてにやにやしながら聞いていた帽子屋がとつぜん
「$e^{i\pi}$は-1であることは、あんたの世界でも有名だろ」といいました。

なにそれ？　みどりには、ちんぷんかんぷんです。

「あんたが知らないだけで、とにかく有名だ。この-1は、あんたの世界からこっちの世界にくるためのターミナル駅みたいなものさ。eというのはあんたの世界、つまりわれわれ数の世界の影にすぎないものたちを、あやつっている数字だよ」

「あんたが本屋でこっちに落ちてきたときはπの渦から落ちて来たが、途中でiと重なって、eをさかのぼって、数の国の第一ターミナルに着いた。それが-1という場所なのさ」

「$e^{i\pi}$？」帽子屋がいったい何をいってるのか、みどりにはわかりませんでしたが、たしかにここに来たときは1という数が目の前にありました。

なんだか秘密のとびらが近づいてきたように感じました。

「きみはきみの世界とこっちの世界が接しているπという場所から$e^{i\pi}$の渦の中に落ちてたんだ。だからもとに戻りたかったら、その渦を逆回転していくしかないね。でもそれは不可能だ」と帽子屋。

「どうして?」みどり。

「うつくしきものは、おそろしきもの」

三月ウサギがぶつぶつとつぶやく。

「きみの世界ではこの式を美しいなんて言っているが、でもじつはきみがこうなってしまったみたいに、もう戻れない〝数の世界〟に入ってしまうオソロシイ式なのさ」

「ぼくたちの世界から、きみはもう出ることができないんだ」とネムリネズミが大きな声でいいます。

「ぼくたちとおなじように、むげんの中で終わらないパーティを続けるさ」

「むげんって何なの？」みどりは泣きながら聞きます。

「むげんは、モノじゃないんだ。しくみだよ」と帽子屋。

「しくみだから、手ごわいんだ」


ネムリネズミが唄いはじめました。

どんな数《かず》にも
かならずつぎの1がある
そして数《かず》はつづくのさ

終われないんだ
そのしくみで

「でも今日のお茶会はもうすぐおわる」と帽子屋。

するとネムリネズミがつけ加えます。

「おわりだって言わないとおわらないいんだ。ここにはおわりなんてないんだからネ。

おわりははじまりってことだから」


「もう1回聞くけど、あんたはなぜここにいる?」と帽子屋がいいました。

「えーっと『π《パイ》』って言う本の中に落ちてここに来たから」

「そのまえは?」

「そのまえは?」

「お母さんにしかられた」

「そのまえは」

「猫のスノーの尻尾《しっぽ》をふんづけた」

「そのまえは?」

「クリスマスツリーのかざりつけをしてて」

「そのまえは」

「ええっと、もう思い出せない!」

「でも、その怖いおかあさんがいなければ、あんたはいなかったし、おかあさんのおかあさんがいなかったら、おかあさんはいなかった。おかあさんのおかあさんのおかあさんがいなかっあら、おかあさんのおかあさんもいなかった。おかあさんのおかあさんの、……」

「ああきりがない」とネムリネズミは眠りはじめました。

「どのひとりのおかあさんのおかあさんがいなくても、あんたはここにいることができなかっただろう?」

「それはまあそうね、たぶん」

「たぶんじゃないな」

「ええ、じっさい、そう」

「ではおとうさんはどうなんだ」

「おなじように、どこまでもおとうさんのおとうさんがいて、おとうさんのおかあさんもいるのね」

「チェスボードのマス目ぶんの64代さかのぼるとあんたの祖先の数は、18446744073709551616人になる」

「すごい」とみどり。

「ほら、数の中じゃないか。きみがここにいるのは」


「ねえ、怖くないかい」とネムリネズミがいいました。

「きみがいまここにいるためには、過去のすべての出来事が必要だったなんて！どのひとつが欠けても、どのひとつのタイミングが違っていても、それがそのあとの組み合わせをすべて変えてしまうから、きみはここにいなかったのさ」

みどりはそれを聞いて、なぜだか突然かなしさがこみあげて、わんわん泣きはじめました。

「でもここに落ちて来て、永遠になったのさ」

「永遠なんていらない。わたしはお母さんに、あんずに、スノーに会いたい。帰りたいのよ！」みどりは叫びました。

そのときツバメたちがざわざわと入ってきて、ぐるぐる廻りはじめました。みどりはもういましかチャンスがないと感じて、2羽のツバメの尾に両手でつかまりました。「待って、わたしもいく」と叫んで、アリスもおなじようにツバメにつかまろうとしましたが、すぐに手がはなれてしまいました。

ツバメはどんどん飛んで行きます。

もう手をはなすことはできません。みどりは必死でツバメにつかまっていました。「42から出るんだ」と、みどりのつかまっていた片方のツバメがいいました。「42は双子素数にはさまれている。つまり41と43の二つの素数にはまされている特別な場所なんだ。41と43にぶつかると42のドアもいっしょにあくんだ。そこから外に出る」ともう1羽がいいました。

本当に？　みどりはツバメに必死でつかまります、もうすぐ家に帰れるのよ、待っててあんず！　待っててスノウ！

つばめたちは数字の列の上をどんどん飛んでいき、一気に下降しました。はるか下のほうに41、42、43という数字が見えてきました。

「さあ、ここだ」

「しっかりつかまって‼」

41、42、43が、大きく目の前にせまってきました。

ふろく

お茶会のためのパズル集

ツバメ「問題のうしろのページに答えがあるよ」
アリス「やってみるわ！」

問題

アリスからシロウサギまで、

すべてのマスを通り最少のターンで行くような直線ルートは、

どんなルートですか？

答え

こんなふうに進めば、

アリスからシロウサギまで最少の４回のターンで、

すべてのマスを通って行くことができます。

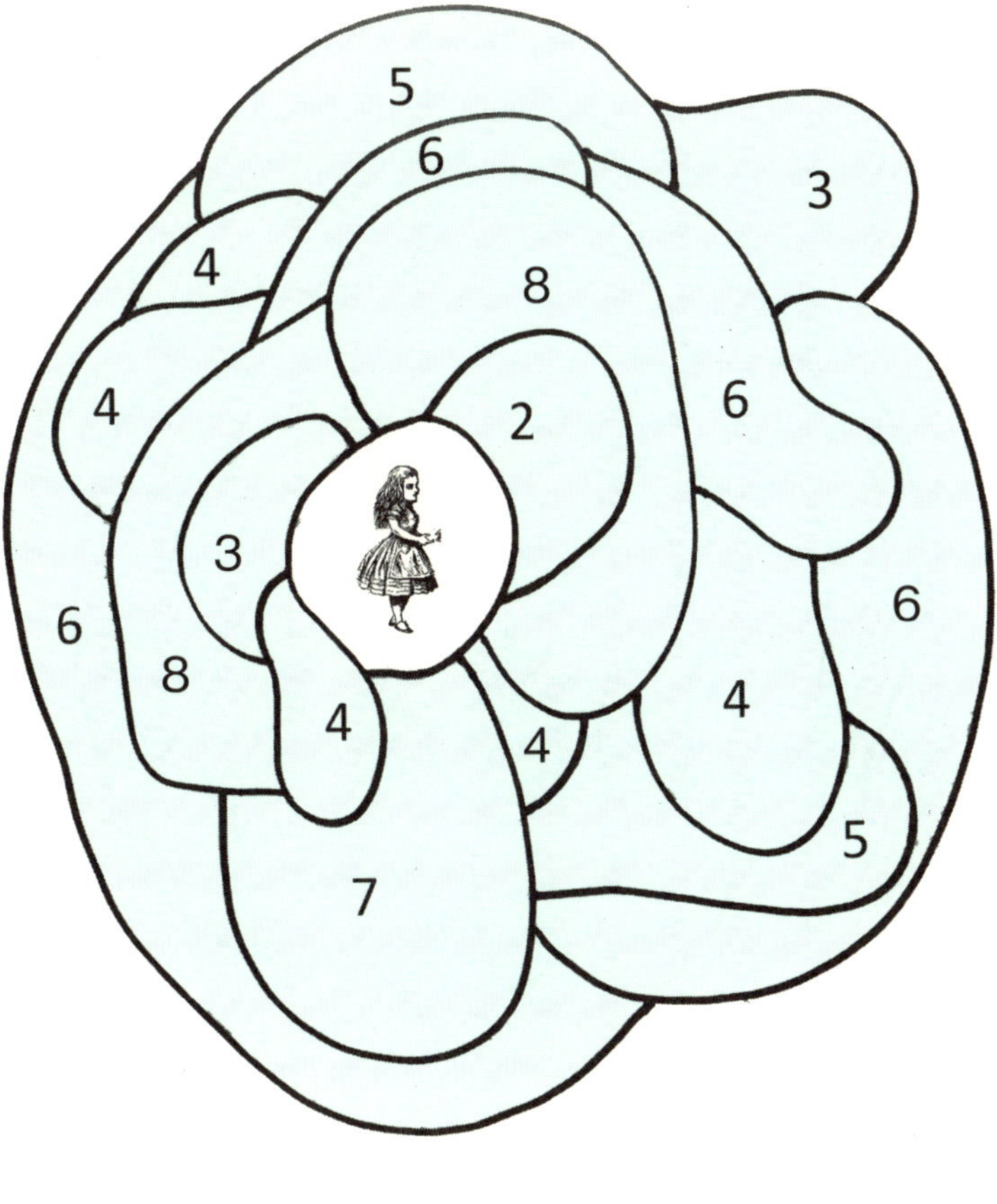

問題

面白い形の部屋が集まった家があります。
真ん中の部屋のアリスが持っているのは、
どんな数字でしょう？

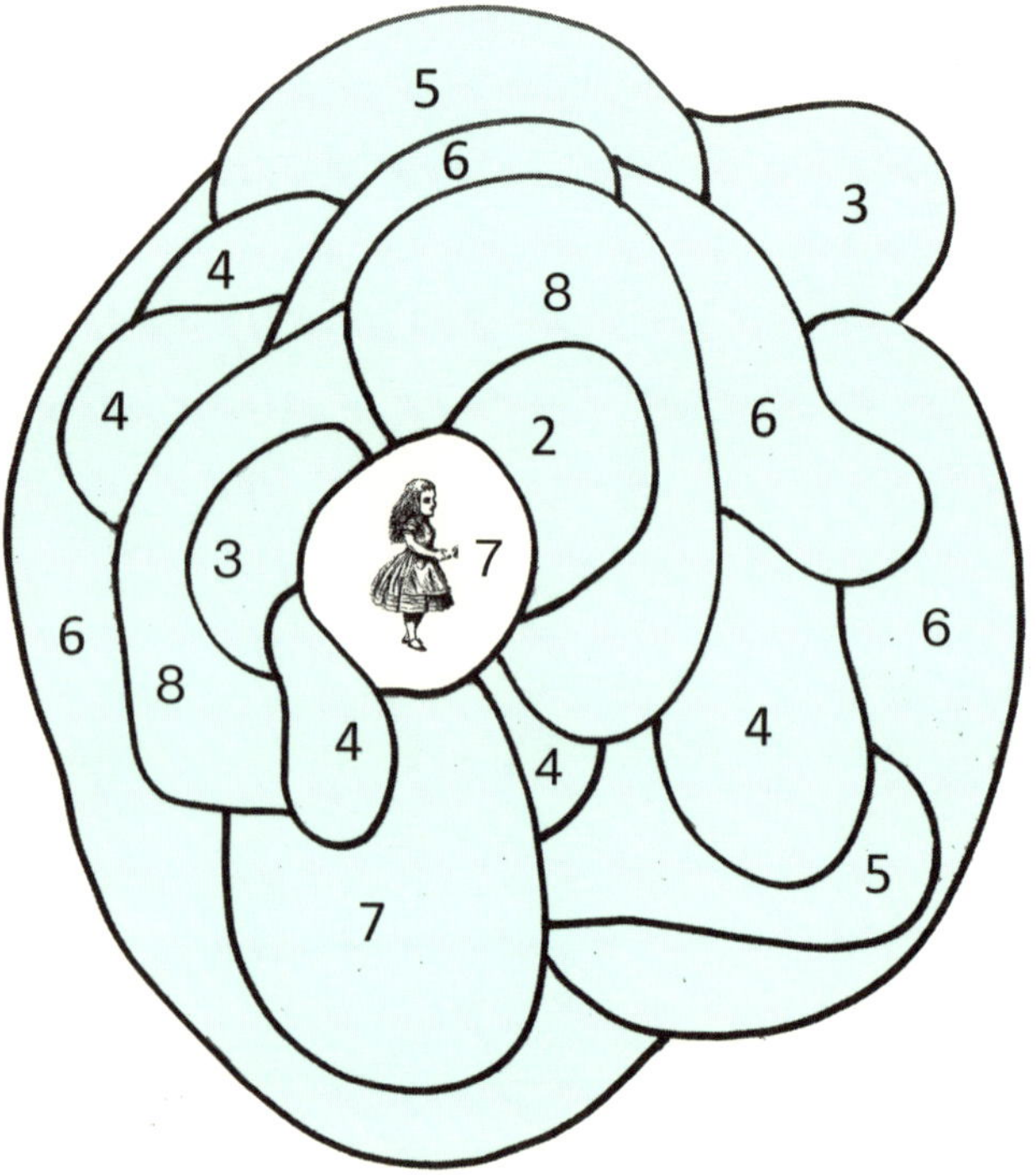

答え

7です。

それぞれの数字は、

その部分が接している部屋の数をあらわしています。

かぞえてみてください

問題

こんな部屋にいる
シロウサギ、アリス、チェシャ猫どうしを
線でつないでください。
線は交差してはいけません。

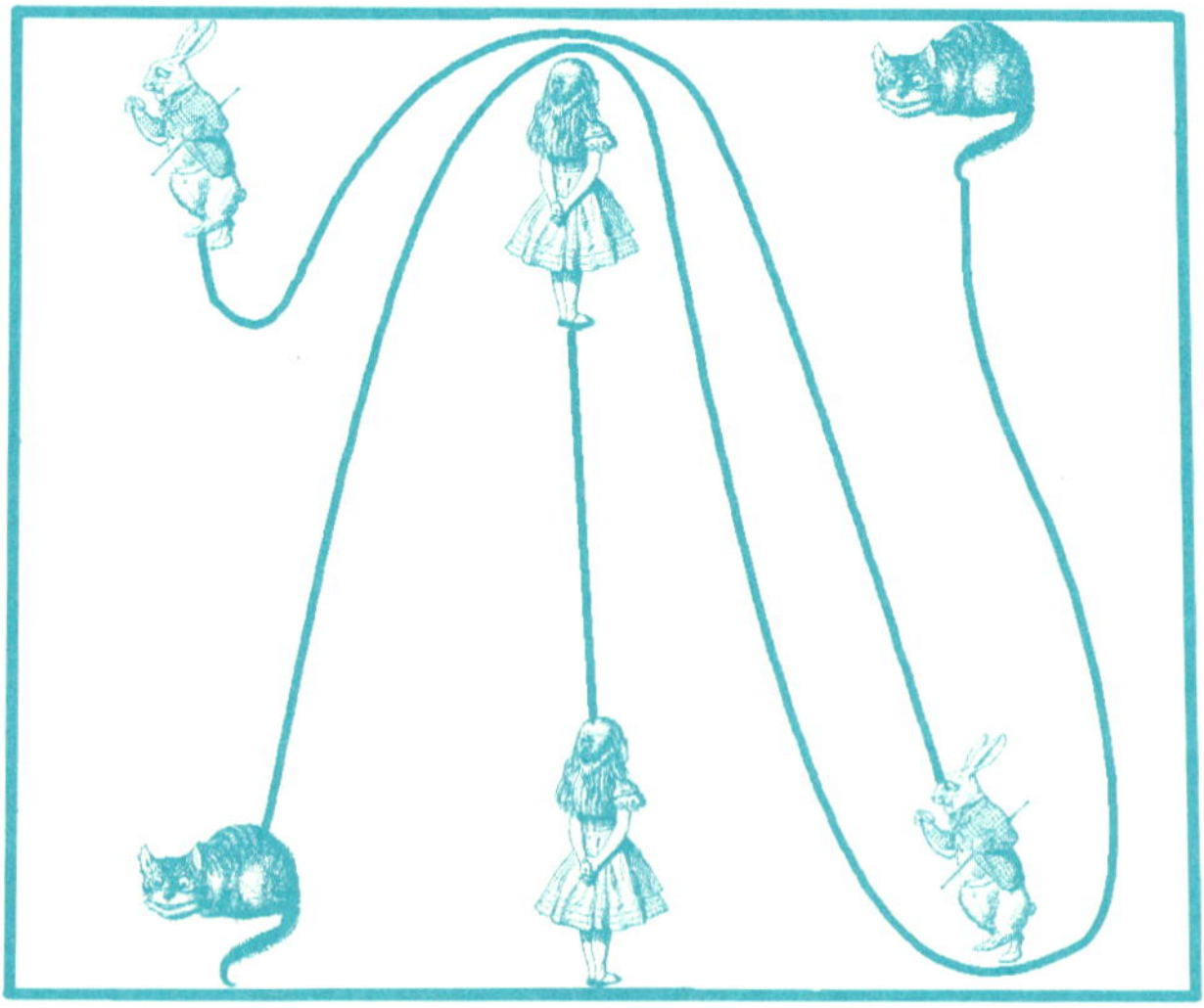

答え

このようにすれば、

交差しないで線を繋ぐことができます。

他にも答えがあるので考えてみてください。

問題

5人のアリスを

3本の直線で別々の部屋に分けてください。

線はまじわってもかまいません。

答え

こんなふうに3本の線を引いてください。
ギリギリなので注意して。

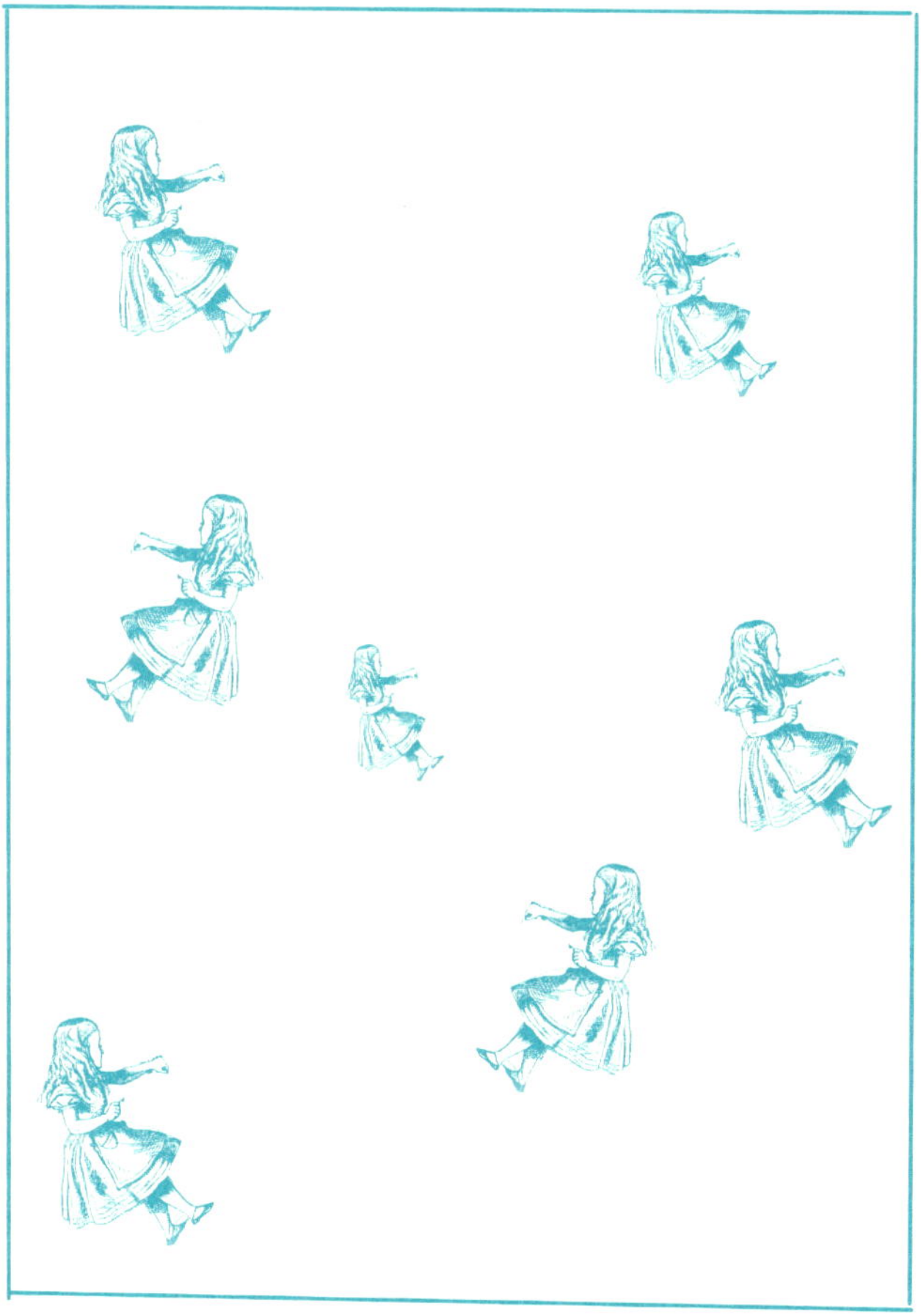

問題

7人のアリスを3本の直線で1人ずつに分けてください。

直線はまじわってもかまいません。

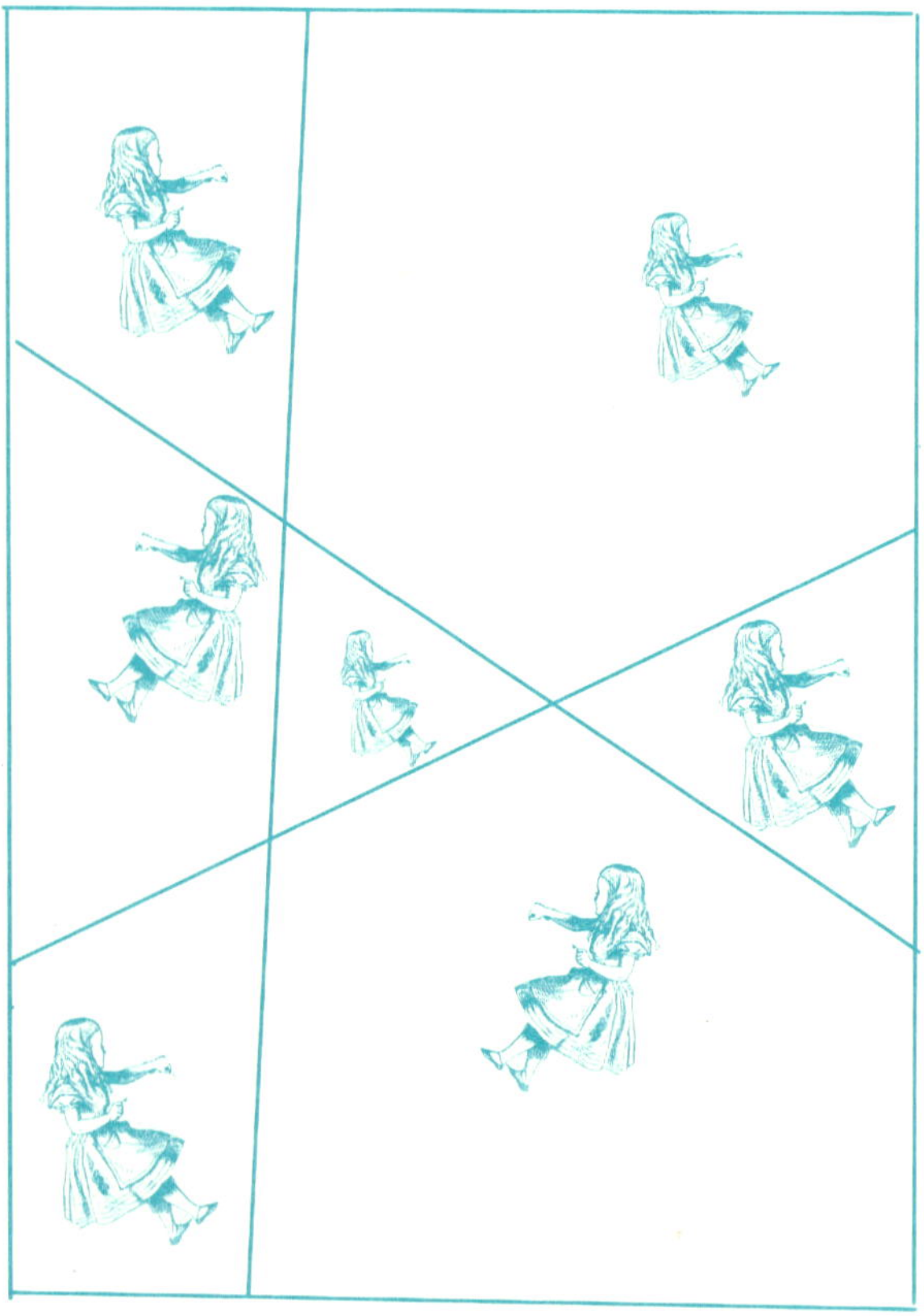

答え

こんなふうに３本の線を引けば、

７人のアリスを１人ずつ分けることができます。

問題

４人の帽子屋と８つのティーカップが
正方形の中に入っています。
ぴったり同じ形の４つの仕切りの中に、
それぞれ帽子屋１人、ティーカップ２つを入れてください。

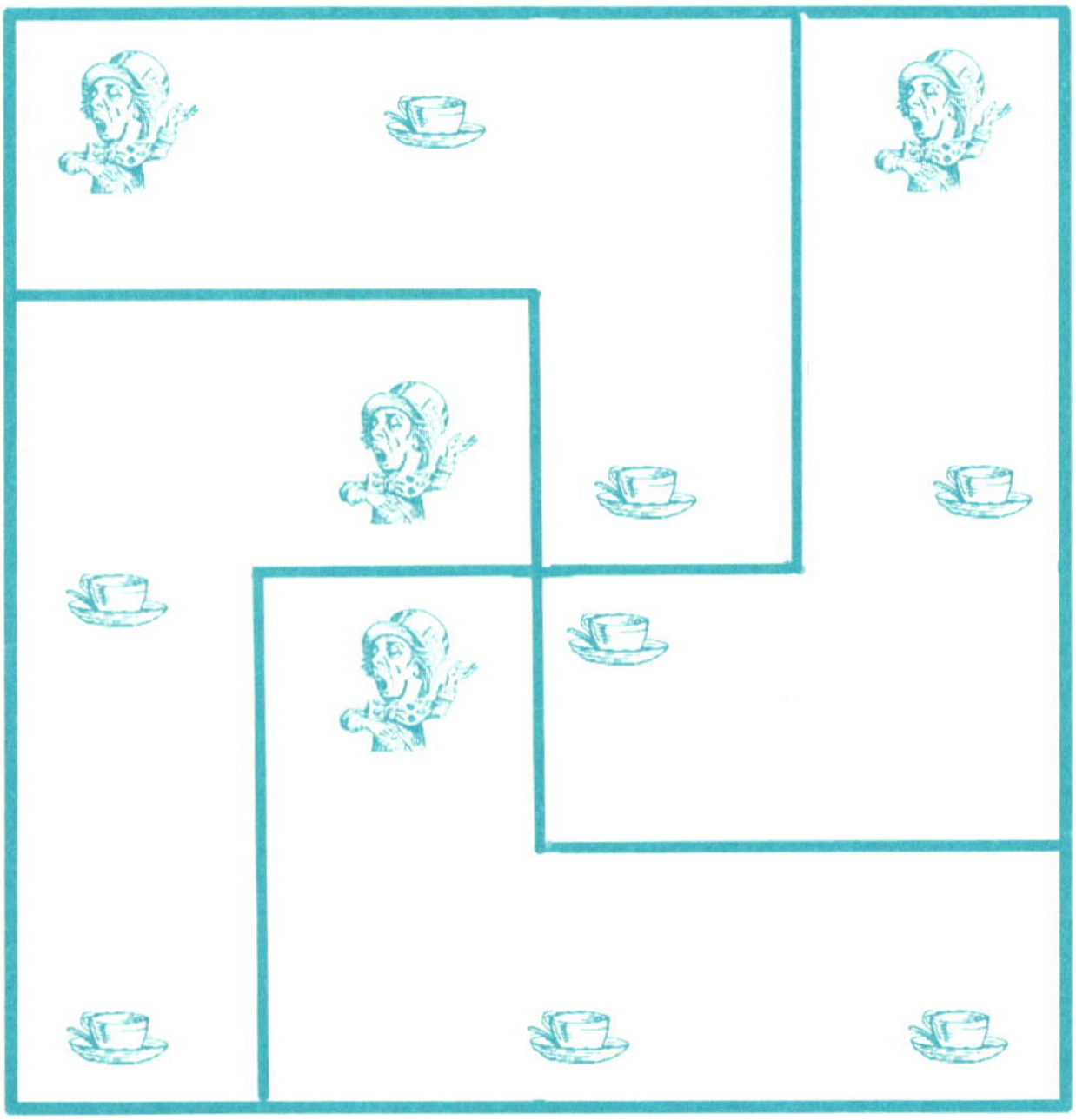

答え
帽子屋１人、
ティーカップ２つが
４つの同じ形の仕切りの中に入っています。

問題

小さな家のまわりに正方形の土地があります。
それを上から見るとこんなふうになっています。
ここにいる10人のアリスを、
ぴったり同じ形の5つの塀《へい》で分けてください。
それぞれの塀の中には
薬のビンを持ったアリスとブタを抱いたアリスが
1人ずつ、計2人入っていること。

答え

このような塀を作れば、できます。

5つの同じ形の中に2人のアリスを

入れることができます。

問題

この図の中に

星型がひとつかくれています。

それをさがしあててください。

答え

右下の部分が星型です。

こんなところにかくれているなんて！

問題

円形の公園の中にいるアリスと猫を、３つの円でそれぞれ別々の空間に分けてください。１つの空間に、１人のアリスか１匹のチェシャ猫がいるようにしてください。円は重なってもかまいませんが、公園からはみ出してはいけません。

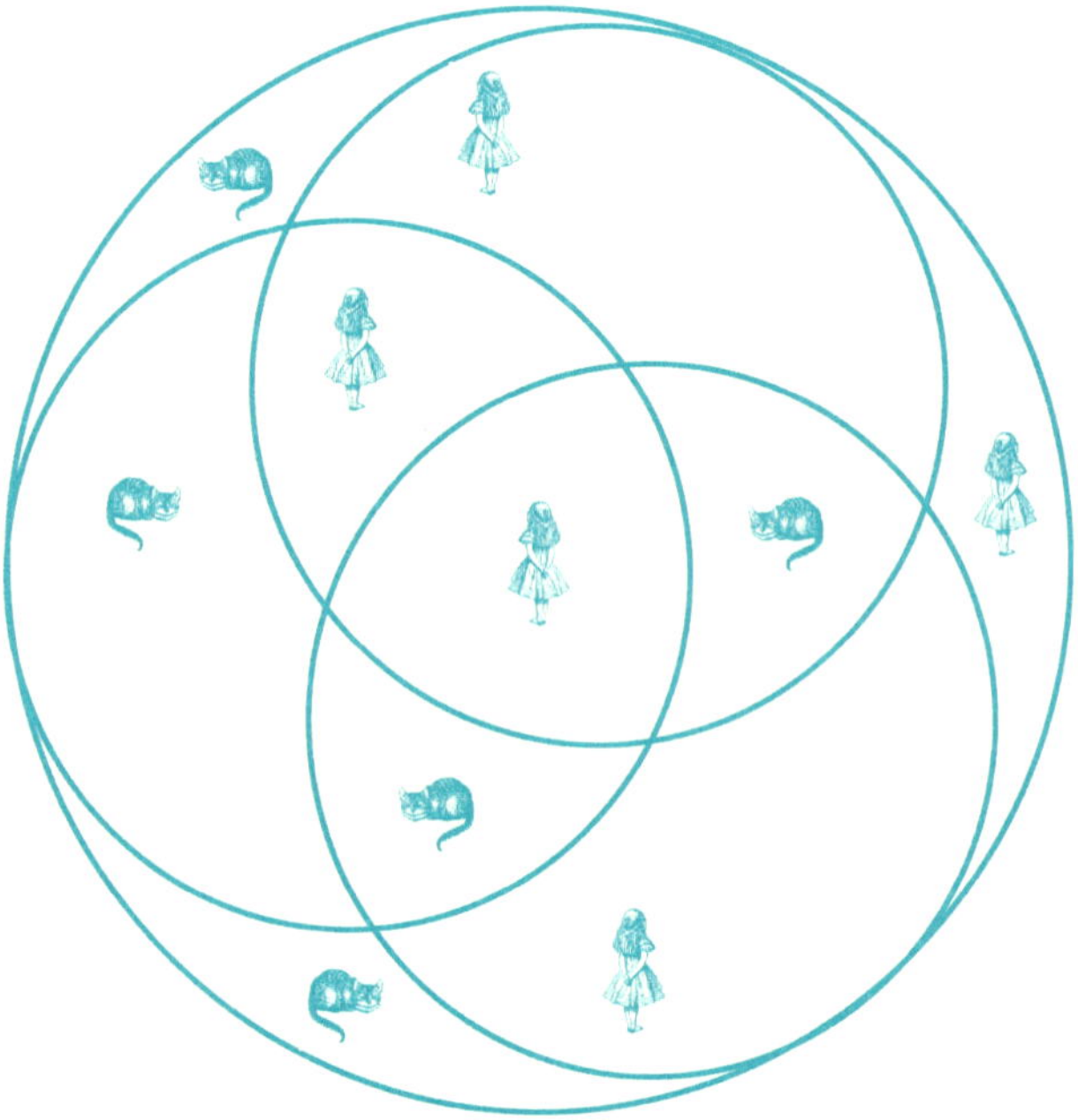

答え
こんな円を３つ描けば、
アリスとチェシャ猫を
別々の空間に分けることができます。

問題

これはちょっと高度な仕切り問題です。
正方形の公園に
1 匹のチェシャ猫と 15 匹の子チェシャ猫がいます。
5 本の直線でこの 16 匹の猫たちを 1 匹ずつに分けてください。
直線は交わってもかまいません。

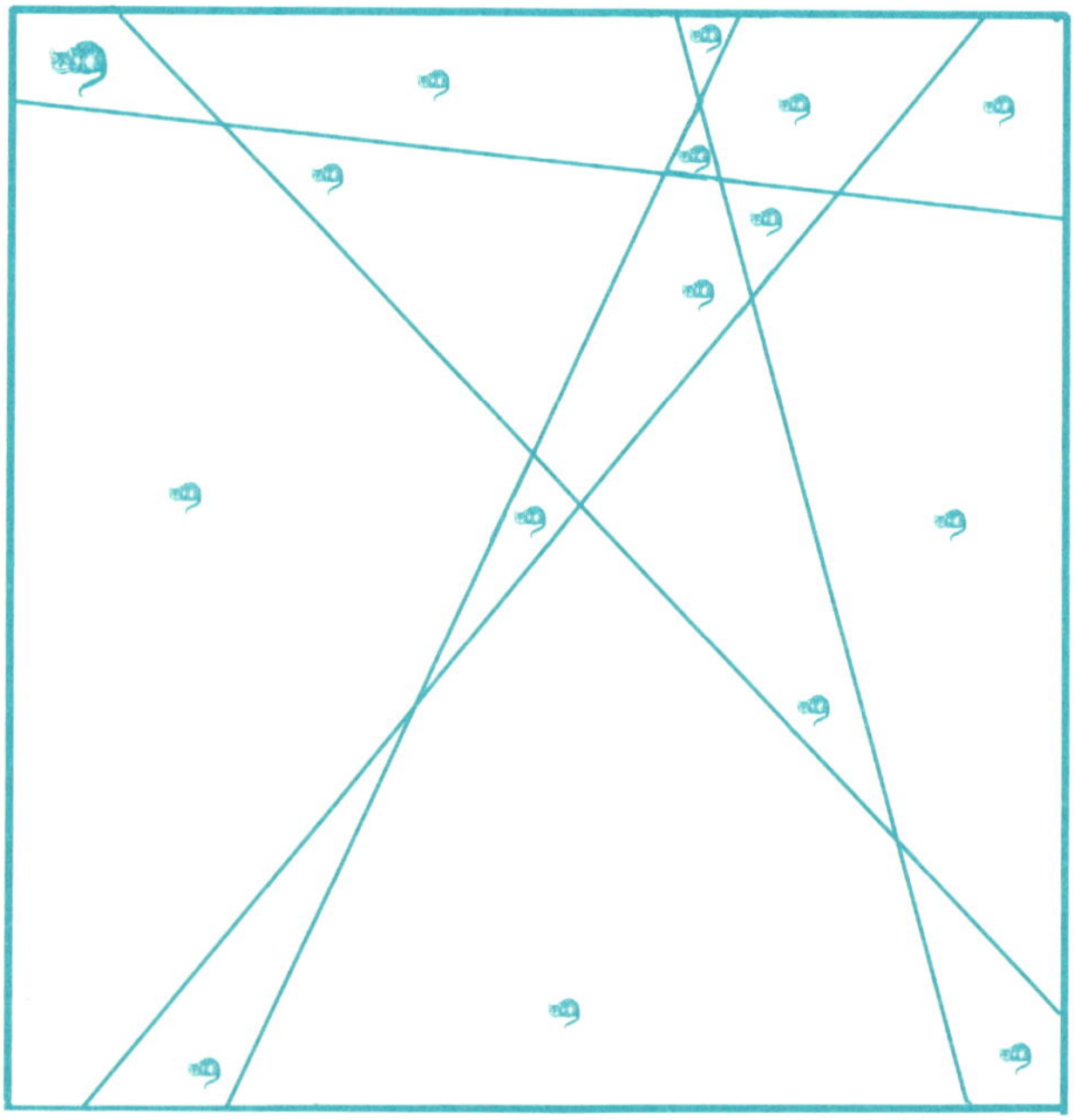

答え

5本の直線はこんなふうに引きます。

広さにずいぶん差がありますね！

問題

アリスとドードー鳥がこんな形の塀の上にいます。
同じ場所を2度通らないで、
全部の塀の上をくまなく歩くことはできますか？
絵は塀の上から見たところです。

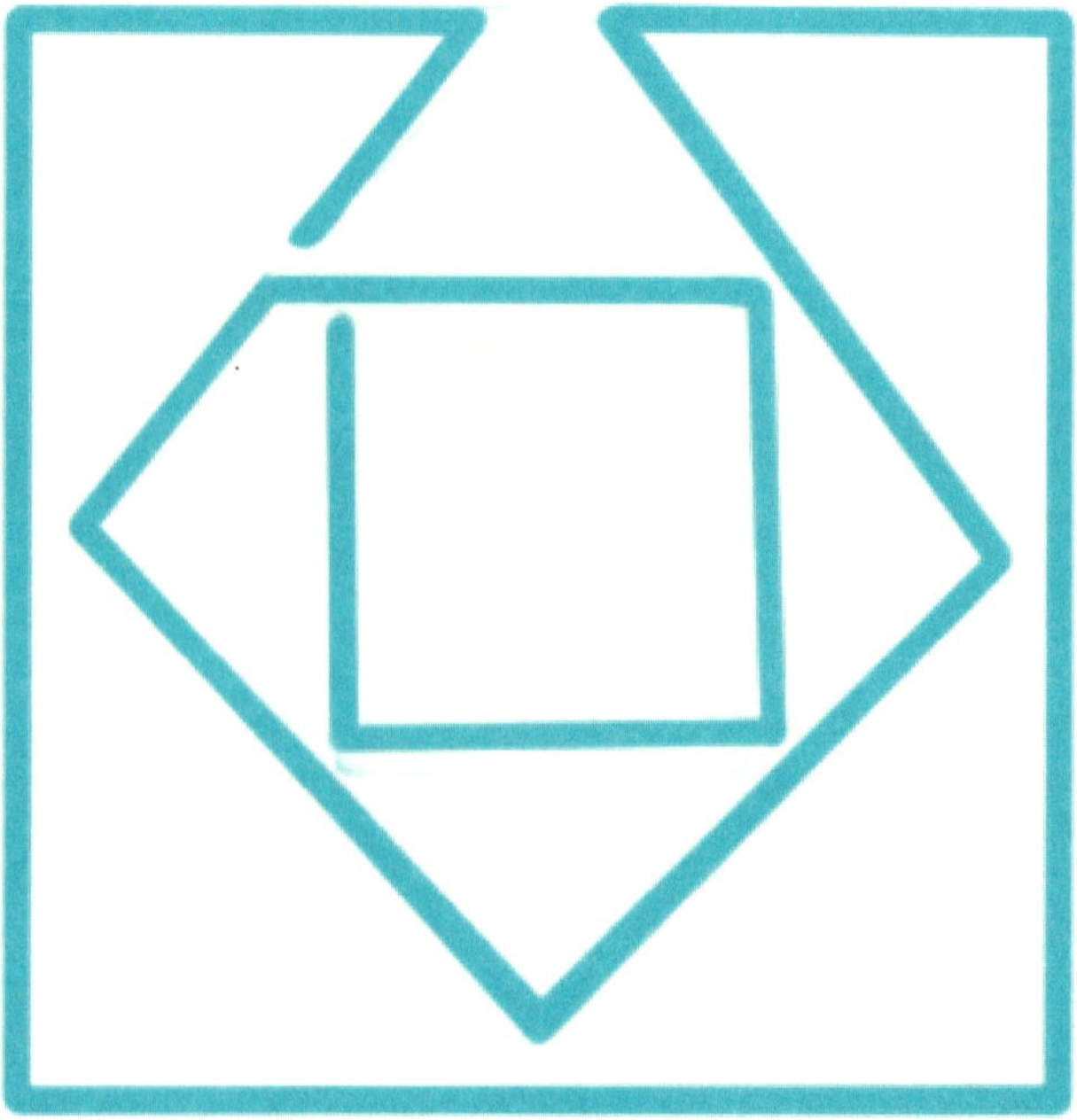

答え

こういうふうにたどれば同じところを
通らずに全部の塀の上を歩くことができます。
歩きはじめる場所はほかのところでもかまいません。

あとがき

みどりはツバメたちと一緒に無事にこっちにもどれて、妹のあんずやお母さんに会えたのでしょうか？　それがこの本のいちばんのパズルかもしれません。そしてその解答は、もうみなさんの中にあるのでわざわざここに書くひつようはないでしょう。

パズルにはからなず答えが書かれていると、誰がきめたのでしょうか。『不思議の国のアリス』のお茶会で、帽子屋は「カラスと書き物机の共通点は？」という問題を出しておきながら、答えをアリスにきかれると、「ぜんぜんわからない」と答えました。だからこそあの問題は、そのあとずっと、何人にも興味をずっとひく、でもやっぱり答えはわからない、世界でいちばんむずかしくておもしろいパズルのひとつになったのです。

でも、もちろん、お茶会とかクリスマス・パーティなんかには、答えのあるパズルが楽しいのです。答えをきいてたのしがったり、ああそうかとひざをうつ（そんなことしないか）のが、楽しいのです。ちょっとひねりのきいたパズルをみんなで楽しむのは、ルイス・キャロルの生きたヴィクトリア朝期のイギリスでも、大流行していました。たとえば、もしカラスが上のような形で、書きもの机の形が下のような形をしていて、「共通点は？」という問題だったら、これには答えがちゃんとあります。

それは「正方形」です。カラスも書きもの机も、正方形を7つの板に切った「タングラム」というシルエットパズルの板を組み合わせで作れます。こんなふうにね。

タングラム

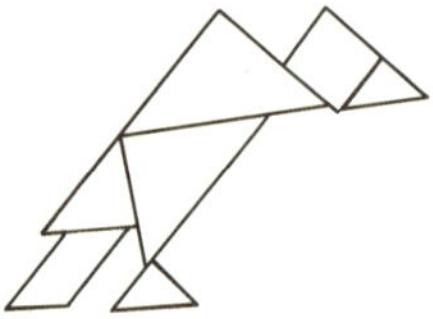

カラス

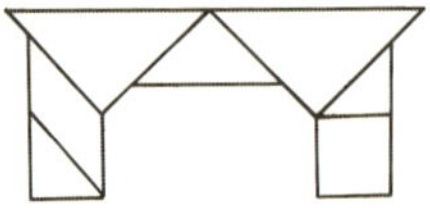

書きもの机

ルイス・キャロルはタングラムが好きで中国の問題集を持っていましたし、自分でもウサギや猫のタングラムを作っています。「カラスと書きもの机」も、ひょっとしたらタングラムをいじっていて思いついたのかもしれないぞ、などと勝手な想像をしてしまいますが、天才ルイス・キャロル、そうは問屋がおろさないのです。そんな「答えのある問題」にしなかったところが、ルイス・キャロルのすごいところです。

　わからないこと、答えがみつからないこと。それはなんて楽しいのかと思います。わからないから考えるし、答えがみつからないから探すのです。ぜんぶわかってしまって、正しい答えがどこかにあるなんてつまらない。

　みどりが迷い込んでしまった〝数の国〟にはたいてい答えがあるのですが、だれにも答えられない問題もあります。たとえば『つぎの素数がいつどこに出て来るのか？』『円周率のいちばん末尾のつぎの数字は何か?』などは、どこまでいっても誰にもわかりません。ところが、「素数の一番大きいものはない（それよりも大きいものが必ずある）」ということが先にわかってしまっていたり、「円周率はどこまでいっても終わらない」、ということが先にわかっていたりします。結論がわかっていて、その途中がわからないなんて、なんて不思議な話でしょうか。

数の国のヘンなところを、もうひとつ例をあげてみましょう。たとえばチェスボードは絵のように8×8マスでできているので、全部で64マスですよね。その最初の1マス目にいま1人のアリスが立っています。次のマスに2人、その次に4人というふうに、2倍にしていったら、最後の64マス目には何人のアリスがいると思いますか?

1マス目と2マス目に
アリスのいるチェスボード

「1マスごとに2倍にしていくだけで、最初に1人のアリスだったのが、チェスボードの最後のマスでは2の63乗、つまり、なんと9223372036854775808人のアリス！がいることになります。アリスがアリスの頭の上にどんどん乗っかっていったとして（チアガールじゃないのでそんなことはしませんけど）、もし身長10センチの小ささだったとしても、

64マス目のアリスの高さは、ざっと計算すると、光が975年かからないと辿りつけないぐらいの、とんでもない高さになってしまうのです。宇宙のどのへんにアリスの頭の先があるのか想像もつきません。光速どころか「アリス速」という単位を作らないといけません。

数の力はそれほどおそろしく、またある意味ではナンセンスです（ある意味《センス》ではナンセンス、というういい方もナンセンスですね）。遠い時代に、ナンセンスをナンセンスじゃなくしようとしてできあがった数学は、数というセンスとナンセンスの合わせ鏡によってできあがっていて、不思議の宝庫です。私たちが自分で自分の顔を見ることができないように、数は自分で自分のことを完全には説明できません。だからこそ、数は謎めいていて面白いのかもしれません。

この本では、ルイス・キャロルの不朽の名作『不思議の国のアリス』（1865）の、もっとも多くの人に愛されたジョン・テニエルの挿絵から、アリスや帽子屋やシロウサギの絵を、お茶会パズルのために使わせてもらいました。テニエルの絵のいきいきした挿絵はほんとうに素晴らしいものです。テニエルの絵の魅力があってはじめてこの本ができたというあたりまえのことに、心から感謝したいと思います。

もともと「ユリイカ」２０１５年2月増刊号の『１５０年目の「不思議の国のアリス」』に寄稿した文章がこの本のきっかけになっています。お茶会パズルを考えるきっかけをつくってくださった高山宏氏、そして青土社編集部の西館一郎さんに感謝します。

そして最後になりましたが、表紙に大好きなヒグチユウコさんの絵を使わせてもらうことができて本当に嬉しいです。嬉しすぎてお茶会はますます終わりそうにありません。

２０１５年　10月

伴田良輔

Based on and dedicated to Lewis Carroll's "Alice's Adventures in Wonderland" (1865)
illustrated by John Tenniel.

伴田良輔　handa ryosuke
作家、写真家、美術家として活躍する一方、世界のパズル史、カード史の研究家でもある。著書に「巨匠の傑作パズルベスト１００」「サム・ロイドの『考える』パズル」「パズリカ」、翻訳書に「ダーシェンカ」などがある。ルイス・キャロルも好んだシルエットパズル〝タングラム〟を用いたカードゲーム「タナトリア」を考案。

アリスのお茶会パズル

2015年11月10日　第1刷印刷
2015年11月15日　第1刷発行

著者——伴田良輔

発行人——清水一人
発行所——青土社
東京都千代田区神田神保町1-29　市瀬ビル　〒101-0051
電話　03-3291-9831（編集）、03-3294-7829（営業）
振替　00190-7-192955

印刷——ディグ
表紙印刷——方英社
製本——小泉製本

装画——ヒグチユウコ
装幀——中島かほる

ISBN978-4-7917-6893-6　Printed in Japan